Klaus Wehrt

Beschreibende Statistik

Eine Einführung

Campus Verlag
Frankfurt/New York

CIP-Kurztitelaufnahme der Deutschen Bibliothek

Wehrt, Klaus:
Beschreibende Statistik : e. Einf. / Klaus Wehrt.
– Frankfurt/Main ; New York : Campus Verlag, 1984.
(Campus : Studium ; Bd. 560)
ISBN 3-593-32560-8

NE: Campus / Studium

Umschlaggestaltung: Atelier Warminski, Büdingen
Satz: DFW-Verlags-GmbH, Karben
Druck und Bindung: Beltz Offsetdruck, Hemsbach
Printed in Germany

INHALT

Kapitel 4
Einfache statistische Maßzahlen

Kapitel 7

Kapitel 8

Anhang

VORWORT

Ein Lehrbuch der beschreibenden Statistik hat die Aufgabe, Studenten der ersten Semester in das statistische Instrumentarium einzuweisen. Dabei sollte es bewußt didaktisch vorgehen: Den Lehrstoff vortragen, ihn anhand von Beispielen verdeutlichen und – wohl am wichtigsten – dem Studenten mit einer Aufgabensammlung die Möglichkeit eröffnen, das Erlernte eigenständig zu erproben. Besonders der letztgenannten Forderung wird in vielen Statistik-Lehrbüchern nur eingeschränkt gefolgt, indem zwar den Studenten Aufgabensammlungen offeriert werden, ihnen aber die Hilfestellungen bei deren Lösung ebenso wie das Erfolgserlebnis der richtigen Lösung durch das Fehlen eines ausgedehnten Lösungsteils vorenthalten wird.

Das vorliegende Lehrbuch entstand im Zuge von Statistik-Vorlesungen, gehalten am Fachbereich Wirtschaftswissenschaften der Gesamthochschule Kassel. Dieser Studiengang zeichnet sich durch eine breite Öffnung für Studenten unterschiedlicher Eingangsqualifikation aus. Deshalb wurde bei der Erstellung des Buches nicht nur den drei didaktischen Forderungen Aufmerksamkeit zugewandt, sondern darüber hinaus angestrebt, die Benutzung für Studenten unterschiedlicher Vorbildung zu erleichtern. Das bedingt zwangsläufig ein Nebeneinander sehr leicht verständlicher und schwierigerer Lehrbuchpassagen. Allerdings wurde das Lehrgebäude bewußt so aufgebaut, daß schwierige Stellen des Buches ohne Verlust des Gesamtüberblickes ausgelassen werden können. Das Fundament weiterführenden Lehrstoffs nachfolgender Kapitel ist jeweils nur die Zusammenfassung am Kapitelende. Aufgaben, Literaturhinweise und Aufgabenlösungen komplettieren das Lehrangebot.

Wichtigen Fragen der Statistik, wie der der Skalierung, wird breiter Raum eingeräumt. So werden die statistischen Maßzahlen nicht nur unverbunden nebeneinander abgehandelt, sondern deren Eignung für verschiedene Fragestellungen besonders mit Blick auf die Skalierung der vorkommenden Merkmale diskutiert.

Zwischen der Konzeption des Manuskriptes bis zur Vollendung des Lehrbuches lag ein weites Stück Weg. An seiner Bewältigung wirkten mit: Herr Olaf Hübler, der das Manuskript kritisch prüfte, und dem ich einige wertvolle Anregungen verdanke, die Herren Jürgen Fuchs, Harald Netzel, Karl-Heinz Adams und Josef Schwickert, Frau Monika Debey – sie alle halfen bei der Gestaltung, der Durchrechnung der Aufgaben und beim Korrekturlesen – und nicht zuletzt Frau Susanne Lachmayer, der ich besonders für ihre unerschöpfliche Geduld beim Schreiben des umfangreichen Formelsatzes danke.

Die Zusammenarbeit mit dem Campus-Verlag hat hervorragend geklappt. Dafür danke ich insbesondere den Herren Benedikt Burkard und Adalbert Hepp, die das Buch bis zu seiner Fertigstellung betreuten.

Kassel, den 6. September 1984 — Klaus Wehrt

Kapitel 1
EINFÜHRUNG IN DIE STATISTISCHE BEGRIFFSWELT

1. Klärung des Begriffs Statistik

Die herausragende Entwicklung der siebziger Jahre schlechthin ist wohl die weite Verbreitung der EDV in den Unternehmen und im Privateinsatz. Möglich wurde diese Entwicklung durch die Mikroprozessortechnologie, die entscheidend dazu beitrug, die Informationsverarbeitungskosten zu senken. Die gesunkenen Informationsverarbeitungskosten induzierten ein allgemeines Verlangen nach tieferer und komplexer Information. Zur Verarbeitung dieser bedarf es nun aber nicht nur preiswerter technischer Einrichtungen, sondern auch zugehöriger Algorithmen, die die Informationsmassen verdichten und überschaubare Entscheidungsgrundlagen liefern. Genau dies leistet die „Statistik".

Zwar versteht man landläufig unter dem Begriff „Statistik" eine tabellarische oder graphische Darstellung zahlenmäßiger Sachverhalte (Arbeitslosenstatistik, Sterbe- und Geburtenstatistik, Wahlstatistik usw.), was zunächst noch wenig mit den Informationsverdichtungsalgorithmen zu tun haben mag. Deutlich wird dieser Zusammenhang jedoch, wenn man bedenkt, daß eben diese Statistiken das Ergebnis des statistischen Verdichtungsprozesses und damit die erwähnten Entscheidungsgrundlagen sind.

So entsteht die Arbeitslosenstatistik z. B. dadurch, daß in den Arbeitsämtern der Bundesrepublik Strichlisten über gemeldete Arbeitslose und offene Stellen geführt werden. Allmonatlich werden dann diese Striche gezählt und der Bundesanstalt für Arbeit mitgeteilt. Dort werden die Teilergebnisse der einzelnen Arbeitsämter wiederum registriert und aufaddiert. Schließlich mündet dieser Prozeß der Informationsverdichtung in der Arbeitslosenstatistik – der Grundlage arbeitsmarktpolitischer Entscheidungen –, die neben den offenen Stellen und Arbeitslosenzahlen natürlich auch noch einige andere interessante Kennziffern (bspw. Arbeitslosenquote) der Beschäftigungssituation enthält.

Die Statistik dient also im wesentlichen der quantitativen Erfassung und überschaubaren Aufbereitung von massenhaft auftretenden Einzelerscheinungen.

2. Die Teilgebiete der Statistik

Der Anforderung der Informationsverdichtung kann die Statistik in zweifacher Weise gerecht werden.

Zum einen kann an jedem Objekt (z. B. erwerbsfähige Person) der betrachteten Gruppe (z. B. erwerbsfähige Personen in der Bundesrepublik) das interessierende Merkmal (z. B. Arbeitslosigkeit) erhoben und aufgezeichnet werden, ehe in einem komplexen Verdichtungsprozeß die Bildung statistischer Kennziffern erfolgt (*deskriptive Statistik*).

Zum anderen besteht die Möglichkeit, nur einen Teil der Objekte der interessierenden Gruppe (z. B. alle erwerbsfähigen Personen, deren Nachname mit S anfängt) abzufragen, die statistischen Kennziffern im Rahmen eines weniger komplexen Verdichtungsprozesses zu berechnen und vom Ergebnis dieser Teilerhebung auf die Kennziffern der Gesamtheit zu schließen (*induktive Statistik*).

Thema dieser Schrift ist die erstgenannte Vorgehensweise, die Technik der Berechnung statistischer Maßzahlen in Grundgesamtheiten. Die zweite Art der Bearbeitung statistischer Fragestellungen setzt die Beherrschung der deskriptiven Statistik voraus und ist damit Erkenntnisobjekt vertiefenden Lehrstoffs.

3. Merkmal; Merkmalsträger; statistische Masse

Im Rahmen der „deskriptiven Statistik" („beschreibende Statistik") werden *Merkmale* an *Objekten* der *statistischen Masse* erhoben und statistische Kennziffern errechnet.

3.1. Das Merkmal und seine Skalierung

Ein *Merkmal* ist eine Eigenschaft, die bspw. einen Gegenstand oder eine Person auszeichnet. Die Beschädigung kann Merkmal des vor mir stehenden Kühlschrankes sein. Die Arbeitslosigkeit kann Merkmal einer bestimmten Person aus meinem Bekanntenkreis sein. Interessant ist, daß die Statistik sich nicht damit beschäftigt, einen Gegenstand oder eine Person zu betrachten und alle ihm bzw. ihr zugehörigen Eigenschaften zu erheben, sondern umgekehrt eine Eigenschaft[1]) an allen Gegenständen oder Personen untersucht, die der Gruppe angehören, über die eine Aussage gemacht werden soll. Damit entsteht die Masse der Einzelinformationen nicht durch die Vielzahl der Eigenschaften, sondern durch die Vielzahl von Trägern der interessierenden Eigenschaft. Alle Kühlschränke der laufenden Produktion werden auf Beschädigungen kontrolliert. Durch die Meldung der Arbeitslosigkeit sind alle Erwerbspersonen auf Beschäftigung abgefragt.

Beispiel 1.1: Merkmale

1) Geschlecht, Familienstand, Form, Farbe
2) Schulnoten, Qualitätsurteil der Stiftung Warentest
3) Temperatur, Uhrzeit
4) Länge, Volumen, Geschwindigkeit, Einkommen
5) Anzahl.

Die Erscheinungsform eines Merkmals bezeichnet man als *Merkmalsausprägung* oder auch *Merkmalswert* (bei quantitativen Merkmalen). Der vor mir stehende Kühlschrank ist unbeschädigt. Er hat die Merkmalsausprägung unbeschädigt. Der Raum, in dem ich sitze, hat eine Temperatur von 22° C. Die Ausprägung des Merkmals Temperatur ist also 22° C.

Dem Leser ist wahrscheinlich schon beim Lesen des Beispiels 1.1 aufgefallen, daß sich die einzelnen Merkmalsgruppen substantiell unterscheiden. In der Tat lassen sich Merkmale klassifizieren.

a) Man unterscheidet zunächst *qualitative* und *quantitative Merkmale*. Die Merkmalsprägungen quantitativer Merkmale sind reelle Zah-

[1]) In der Regressionsanalyse werden mehrere Eigenschaften gleichzeitig erhoben. Vgl. S. 163 ff.

len. Alle anderen Merkmale bezeichnet man als qualitativ. Die Ausprägungen sind Wörter, meist feststehende Begriffe. Die Rubrik 1 des Beispiels 1.1 enthält qualitative Merkmale; in Rubrik 2–5 sind quantitative Merkmale aufgezählt.

a_1) Voraussetzung für die Anwendung statistischer Methoden ist, daß mit den Merkmalsausprägungen gerechnet werden kann. Dafür müssen diese in Zahlform vorliegen. Bei quantitativen Merkmalen ist diese Voraussetzung erfüllt. Den qualitativen Merkmalsausprägungen müssen per Zuordnungsvorschrift zunächst Zahlen zugewiesen werden. Beim Geschlecht ist bspw. 0 für männlich und 1 für weiblich denkbar.

Da es keine eindeutig sinnvolle Zuordnungsvorschrift bei Vorlage eines qualitativen Merkmals – die Zuordnung 0 für weiblich und 1 für männlich wäre genauso sinnvoll – gibt, unterliegen die *Ausprägungen keiner Anordnungsvorschrift;* sie heißen *nominalskaliert*. Die zugeordneten Zahlen haben lediglich Unterscheidungsfunktion und können ohne Informationsverlust durch eine injektive[1]) Abbildung beliebig transformiert werden (vgl. Abb. 1). Die Rubrik 1 in Beispiel 1.1 enthält weitere nominalskalierte Merkmale.

Abbildung 1:

Zulässige Transformation nominalskalierter Merkmale

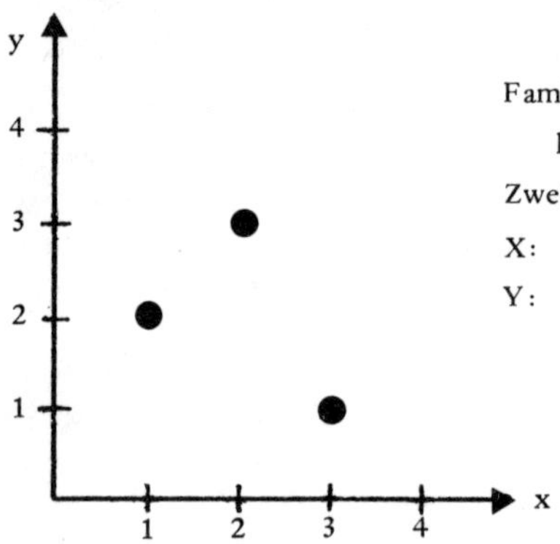

Familienstandsausprägungen:

	ledig	verheiratet	verwitwet
Zwei mögliche Zuordnungen:			
X:	1	2	3
Y:	2	3	1

[1]) Eine Abbildung $g : x \to y = g(x)$ mit $x \in M$ heißt *injektiv*, wenn gilt: $x, x' \in M$ und $x \neq x' \longrightarrow g(x) \neq g(x')$.

a_2) Die Gruppe der quantitativen Merkmale läßt sich in vier Klassen aufspalten:

a_{21}) *Ordinalskalierte Merkmale* liegen vor, wenn die Merkmalsausprägungen nicht nur unterschieden, sondern auch in eine sinnvolle Rangfolge gebracht werden können, die durch die Zahlenwerte repräsentiert wird. Allerdings lassen diese Zahlenwerte lediglich den Schluß auf die Rangfolge der Ausprägungen zu. Differenzen oder Quotienten zweier Zahlen sind nicht interpretierbar. Jede streng monoton wachsende Transformation[1]) erhält die Rangfolge der ordinalskalierten Beobachtungsdaten und daher sämtliche verwertbare Information.

In der Sportstunde werden Noten vergeben. Schüler A habe die Note 1, B die Note 2 und C die Note 3. Zulässig sind die Aussagen „C ist schlechter als B", „C ist schlechter als A" und „B ist schlechter als A". Nicht zulässig sind Aussagen, die ausdrücken, um wieviel ein Schüler schlechter als ein anderer ist, oder gar behaupten: „B ist doppelt und C ist dreimal so schlecht wie A".

Weitere Beispiele für ordinalskalierte Merkmale finden sich in Beispiel 1.1, Rubrik 2.

Abbildung 2:

Zulässige Transformation ordinalskalierter Merkmale

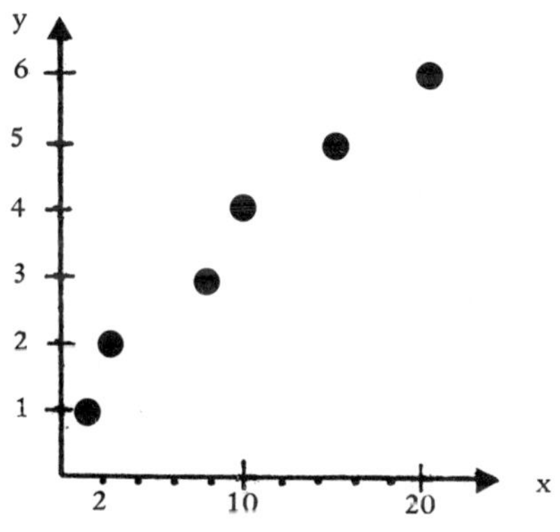

Bewertung der Haltungsfehler im Turnen:

X:	1	3	8	10	15	20

folgernd die Sportnote:

Y:	1	2	3	4	5	6

[1]) Eine Transformation $g : x \rightarrow y = g(x)$ heißt *(streng) monoton wachsend*, wenn gilt: $x > x' \longrightarrow g(x) \geqslant g(x')$ $(x > x' \Rightarrow g(x) > g(x'))$

a_{22}) Neben den Voraussetzungen der Ordinalskalierung genügen *intervallskalierte Merkmale* auch noch der Forderung, daß die Differenzen zwischen den Merkmalsausprägungen sinnvoll interpretierbar sind. Da kein absoluter Nullpunkt bezüglich der Messung eines intervallskalierten Merkmals existiert, besitzt der Quotient zweier Ausprägungen keinen Aussagegehalt. Lediglich monoton wachsende Lineartransformationen[1]) erhalten die vollständige Information.

Hinsichtlich der Jahreszahlen existiert sicher eine Rangfolge – die chronologische. Auch sind die Differenzen zwischen den Jahren als Zeitspanne sinnvoll interpretierbar. Die Behauptung aber, im Jahr 2000 sei es doppelt so spät wie im Jahr 1000, ist absurd.

Weitere Beispiele zu intervallskalierten Daten finden sich unter Rubrik 3 im Beispiel 1.1.

Abbildung 3:

Zulässige Transformation intervallskalierter Merkmale

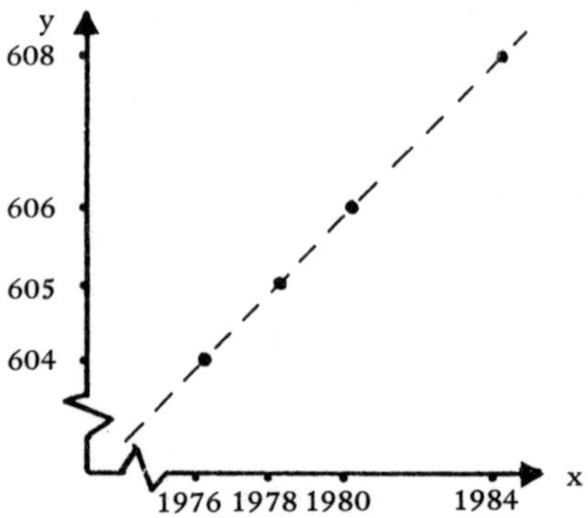

Jahreszahlen:

X: 1976 1978 1980 1984

nach Karl d. Gr. (768 n. Chr.) in Doppeljahren:

Y: 604 605 606 608

$$\left(y = \frac{1}{2}(x - 768) = -384 + \frac{1}{2} \cdot x\right)$$

a_{23}) Hochgradige Informationen hinsichtlich der Vergleichbarkeit der Merkmalsausprägungen liefern *verhältnisskalierte Merkmale* (Rubrik 4, Beispiel 1.1). Zur Interpretierbarkeit von Differenzen tritt die Deutbarkeit von Quotienten zwischen den Merkmalsausprägungen. Möglich wird diese Informationsvertiefung durch die Existenz eines Nullpunktes, auf den die Größen der Merkmalsausprä-

---

[1]) Eine Transformation $g : x \rightarrow y = g(x)$ heißt *linear*, wenn gilt: $y = a + b \cdot x$ mit $a, b \in \mathbb{R}$ und fest.

gungen bezogen werden können. Nur die Teilmenge der monoton wachsenden Lineartransformationen, die die Lage des Nullpunktes unverändert läßt, d. h. die den Nullpunkt auf sich abbilden, gewährt unverfälschte Information. Diese Lineartransformationen heißen homogen[1]).

Beim Merkmal Einkommen sind auch die Quotienten aussagefähig. Die Aussage „A verdient doppelt soviel wie B" ergibt sicherlich Sinn, genauso wie die Aussage „A verdient 1.000,– DM mehr als B". Daß dann A mehr als B verdient (einzig mögliche Aussage der Ordinalskala), versteht sich von selbst.

Abbildung 4:

Zulässige Transformation verhältnisskalierter Merkmale

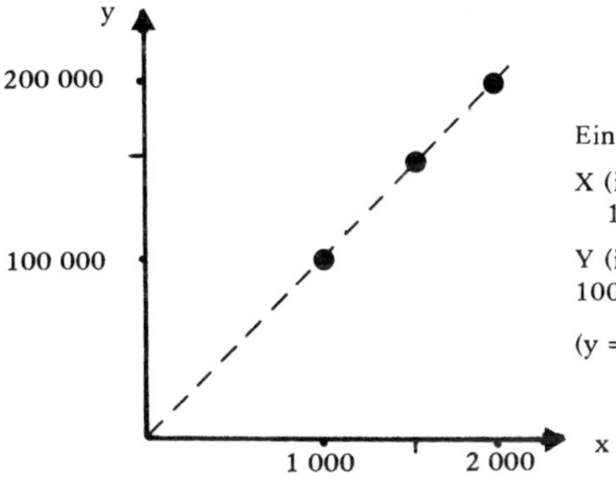

Einkommen:

X (in DM):
1.000 1.500 2.500

Y (in DPf):
100.000 150.000 250.000

$(y = 100 \cdot x)$

a_{24}) Die höchste Anforderung an das Skalenniveau eines Merkmals stellt die *Absolutskala*. Sie unterscheidet sich von der Verhältnisskala dadurch, daß über den Nullpunkt hinaus auch eine Einheit zwingend vorgeschrieben ist. Während bspw. die Länge eines Stabes in mehreren Maßeinheiten (m, dm, cm) gemessen werden kann, ist für das Kindermaß eines Haushaltes die Anzahl als Maßgröße zwingend vorgeschrieben. Jede Transformation einer Absolutskala verfälscht deren Informationsgehalt. Sie ist daher unzulässig.

---

[1]) Eine Lineartransformation $g : x \rightarrow y = g(x)$ heißt *homogen*, wenn gilt: $y = a \cdot x$ mit $a \in \mathbb{R}$ und fest.

Abbildung 5: Das Skalenniveau von Merkmalen

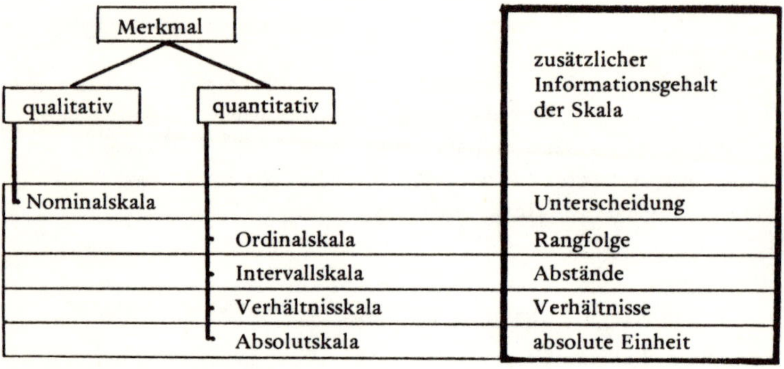

b) Merkmale lassen sich nicht nur nach den Beziehungen zwischen ihren Ausprägungen, sondern auch nach deren Anzahl klassifizieren. Grob unterscheidet die Statistik zwischen diskreten und stetigen Merkmalen.

Ein *diskretes Merkmal* liegt vor, wenn die Anzahl der möglichen Merkmalsausprägungen abzählbar ist, d. h. es existiert eine Anordnung der Ausprägungen, entlang derer diese nacheinander aufgezählt werden können. Innerhalb der Gruppe der diskreten Merkmale lassen sich *endliche* und *unendliche Merkmale* unterscheiden. Im einfachsten Fall besitzt ein Merkmal lediglich zwei Ausprägungen (häufig bei nominalskalierten Merkmalen: Eigenschaft vorhanden oder nicht vorhanden), es heißt dann *dichotom*. Auf der anderen Seite (bei den unendlichen Merkmalen) sind selbst die natürlichen Zahlen[1]) ($\mathbb{N}$) abzählbar entlang der Folge 1, 2, 3, 4, 5, 6, . . . Und auch die rationalen Zahlen[2]) ($\mathbb{Q}$) sind abzählbar vermöge der Anordnung:

---

[1]) Die Menge der natürlichen Zahlen umfaßt alle ganzzahligen positiven Zahlen.

[2]) Die Menge der rationalen Zahlen umfaßt alle Zahlen, die sich als Bruch zweier ganzer Zahlen darstellen lassen (Nenner $\neq 0$).

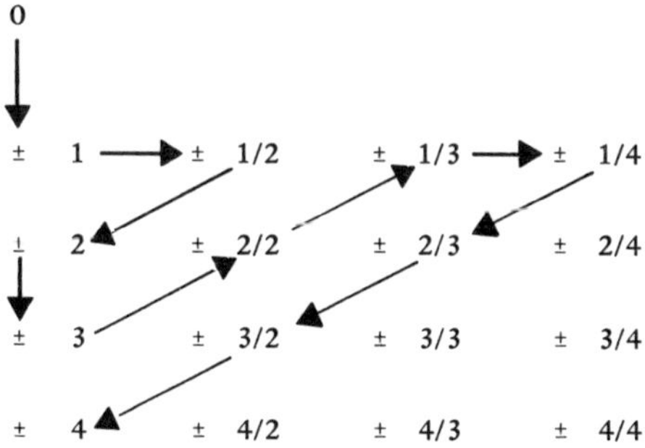

Ein *stetiges Merkmal* liegt vor, wenn die Anzahl der Merkmalsausprägungen nicht mehr abzählbar ist. Stetig sind häufig intervall- oder verhältnisskalierte Merkmale (Temperatur, Fläche, Gewicht). Charakteristisch für diese ist, daß ihre Ausprägungen jede mögliche reelle Zahl annehmen können.

Abbildung 6: Diskrete und stetige Merkmale

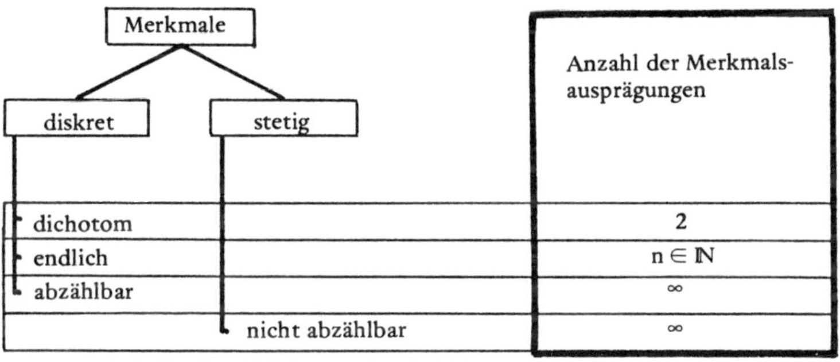

Der Sinn dieser Trennung zwischen diskretem und stetigem Merkmal liegt darin, daß die mathematischen Algorithmen zur Berechnung statistischer Größen sich häufig danach unterscheiden, ob ein stetiges oder ein diskretes Merkmal vorliegt. So reicht bei diskretem Merkmal bspw. zur Berechnung der Verteilungsfunktion die Summenbildung, während bei stetigem Merkmal die Integralrechnung herhalten muß.

Der Anwender selbst wird bemüht sein, mit möglichst geringem mathematischen Rüstzeug und rechnerischem Aufwand die statistischen Probleme zu bewältigen. Deswegen wird häufig die reelle Zahlenachse in Intervalle, sog. *Klassen* (vgl. S. 25 ff.), unterteilt und die *Klassenmitte* zum repräsentativen Intervallwert erhoben. Jede Merkmalsausprägung eines Intervalls bekommt dann die repräsentative Klassenmitte zugeordnet. Dadurch wird die Anzahl der Merkmalsausprägungen überschaubar; der Rechenweg wird vereinfacht. Der Informationsverlust durch die Verfälschung der Merkmalsausprägungen ist umso gravierender, je breiter die Klassen sind.

3.2. Merkmalsträger und statistische Masse

Die statistischen Merkmale sind Eigenschaften von Objekten, den sog. *Merkmalsträgern*. Damit ist der Merkmalsträger buchstäblich der Träger einer Merkmalsausprägung. Es existiert eine eindeutige Zuordnung des Objektes zu seinem Merkmalswert. Der Schüler hat die Note 5. Der Raum die Temperatur 22° C.

Merkmalsträger sind zumeist Personen und Gegenstände, manchmal jedoch auch immaterielle Größen, bspw. das Zeitintervall als Träger des Merkmals Telefonanruf (ja / nein).

Spricht man vom Merkmalsträger als einem Element einer Menge von gleichartigen Merkmalsträgern, so nennt man ihn auch *statistische Einheit*. Die Gesamtheit dieser statistischen Einheiten bezeichnet man als *statistische Masse*, wenn diese in sachlicher, räumlicher und zeitlicher Hinsicht abgegrenzt ist. Die Bestimmung der statistischen Masse erfolgt mit Hilfe von Definitionsmerkmalen (auch genannt Identifikationsmerkmale, kollektivbestimmende Merkmale). Sämtliche statistische Einheiten stimmen hinsichtlich ihrer Identifikationsmerkmale überein, können sich jedoch in anderen Merkmalen sehr wohl unterscheiden. Die Wahl der Abgrenzungsmerkmale wird primär durch die untersuchte Fragestellung vorgegeben, sekundär führen die Möglichkeit der Verfolgung dieser Identifikation und die Informationskosten – häufig liegt das Datenmaterial aus statistischen Quellen bereits in ähnlicher Abgrenzung vor – zur leichten Modifizierung der Definitionsmerkmale.

Beispiel 1.2: Statistische Masse

Die Menge der in das Handelsregister eingetragenen Betriebe (sachliche Abgrenzung) der Stadt Kassel (räumlich) per 31.12.1981 (zeitlich)

Die Wohnbevölkerung der Bundesrepublik Deutschland per 30.06.1970.

4. Zusammenfassung, Aufgaben, Literaturhinweise

Zusammenfassung

● *Definition 1.1:* **Statistik** ist die Lehre von der Erfassung, Verdichtung und überschaubaren Aufbereitung massenhaft auftretender Einzelerscheinungen.

● *Definition 1.2:* Die **deskriptive Statistik** analysiert statistische Fragestellungen in der Gesamtheit der statistisch interessierenden Einheiten (Vollerhebung).

Die **induktive Statistik** versucht Tatbestände, gewonnen aus Teilerhebungen, mit Hilfe von Sätzen der Wahrscheinlichkeitstheorie auf die Gesamtheit zu übertragen.

● *Definition 1.3:* Das **Merkmal** ist die interessierende Eigenschaft, die eine Person oder einen Gegenstand auszeichnet.

● *Definition 1.4:* Die **Merkmalsausprägung** (auch Merkmalswert) ist eine der Zustandsformen eines Merkmals.

● *Definition 1.5:* Ein Merkmal heißt:
qualitativ, wenn seine Merkmalsausprägungen keine Zahlen sind;
quantitativ, wenn seine Merkmalsausprägungen Zahlen sind.

● *Definition 1.6:* Ein Merkmal heißt:
diskret, wenn die Anzahl der Merkmalsausprägungen abzählbar ist;
stetig, wenn die Anzahl der Merkmalsausprägungen nicht abzählbar ist.

● *Definition 1.7:* Der **Merkmalsträger** ist die statistische Einheit, an der das Merkmal erhoben wird.

● *Definition 1.8:* Die **statistische Masse** ist die Menge aller statistischen Einheiten, die bezüglich der zu analysierenden statistischen Fragestellung in sachlicher, räumlicher und zeitlicher Hinsicht abgegrenzt ist.

Aufgaben

1.1) Klassifizieren Sie folgende Merkmale nach ihrem Skalenniveau:

a) Kinderzahl
b) Autotyp
c) Jahreszahl
d) Weingütesiegel

1.2) Ordnen Sie nachfolgenden Merkmalen die Eigenschaften diskret, stetig, dichotom, endlich, abzählbar zu:

a) Kinderzahl
b) Einkommen
c) Schulnote
d) Volumen
e) Geschlecht

Literaturhinweise

Bamberg, G.; Baur, F.: Statistik, München 1980

Ferschl, F.: Deskriptive Statistik, Würzburg – Wien 1978

Hansen, G.: Methodenlehre der Statistik, München 1977

Menges, G.: Grundriß der Statistik, Teil 1: Theorie, Köln – Opladen 1968

Menges, G.; Skala, H. J.: Grundriß der Statistik, Teil 2: Daten, Köln – Opladen 1973

Schaich, E.; Köhle, D. Schweitzer, W. Wegner, F.: Methodenlehre der Statistik, 2. Auflage, München 1977

Steinhausen, D.; Langer, K.: Clusteranalyse, Berlin – New York 1977.

Kapitel 2
DATENERHEBUNG UND -AUFBEREITUNG

1. Erster Schritt: Klärung der zu untersuchenden Fragestellung, Konkretisierung des Untersuchungsrahmens

Die statistische Untersuchung zielt auf die Beantwortung einer vorgegebenen Fragestellung. Daher muß der Untersuchungsrahmen aus dieser Fragestellung sinnvoll abgeleitet werden. Dazu gehören die Feststellung der statistischen Einheiten, die Abgrenzung der statistischen Massen, die Klärung der Frage: „Vollerhebung oder Teilerhebung?", die Auswahl der Merkmale, evtl. die Klassenbildung bei den Merkmalsausprägungen, die Auswahl der statistischen Verfahren ebenso wie die Entscheidung zwischen einer *primärstatistischen* – die Merkmale werden im Rahmen der Analyse direkt am Merkmalsträger erhoben – und einer *sekundärstatistischen* Vorgehensweise – die Merkmale zu den Objekten liegen bereits aggregiert in Form statistischen Tabellenmaterials vor; sie brauchen nur noch ausgewertet zu werden.

Die Konkretisierung ist jedoch auch im Hinblick auf die Kosten der statistischen Analyse durchzuführen. Zusätzliche statistische Information muß in einem angemessenen Verhältnis zur verursachten Kostensteigerung stehen. Insbesondere die Wahl zwischen einer primärstatistischen und einer sekundärstatistischen – damit verbunden die Abgrenzung der statistischen Masse – sowie die Wahl zwischen einer Voll- oder Teilerhebung sind meist durch die finanzielle Ausstattung der Analyse vorherbestimmt.

2. Zweiter Schritt: Datenerhebung

Mühsam, zeitraubend und ermüdend zugleich kann der Schritt der Datenerhebung sein. Dennoch kommt es gerade hier auf ein planvolles Vorgehen in der Beobachtung bzw. bei der Befragung an, denn die Qualität des Erhebungsmaterials entscheidet über die Treffsicherheit der statistischen Aussage. Mit buchhalterischer Akribie sind die Ergebnisse der Beobachtung bzw. Befragung aufzuzeichnen, um sie in der nachfolgenden statistischen Analyse verwerten zu können.

Bei primärstatistischem Vorgehen werden zunächst einmal alle Merkmalsträger durchnumeriert[1]), um Doppelerhebungen zu vermeiden. n bezeichnet die Anzahl, der Index i (= 1, . . . , n) die Nummer der Merkmalsträger. Die Ausprägung des statistischen Merkmals X beim Träger i wird mit x_i bezeichnet. In einer zweispaltigen Tabelle, der sog. *Urliste*, die in der linken Spalte die durchnumerierten Merkmalsträger und rechts die Merkmalsausprägungen enthält, werden die Beobachtungen festgehalten.

Urlistenschema

i	x_i
1	x_1
2	x_2
3	x_3
.	.
.	.
.	.
n	x_n

[1]) Da sich jede statistische Erhebung mit einer endlichen Anzahl von Merkmalsträgern beschäftigt, ist die Numerierung ohne weiteres möglich.

Beispiel 2.1.: Urliste

Befragung der Haushalte eines Ortes nach der Personenzahl

Haushalt i	Merkmalsausprägung x_i
1	2
2	4
3	3
4	2
5	6
6	2
7	3
8	4
9	5
10	1

3. Dritter Schritt: Datenaufbereitung

Der Übergang von der Urliste zur *Häufigkeitstabelle* markiert die erste Phase statistischer Informationsverdichtung. Die Vorgehensweise zur Gewinnung dieser Tabelle unterscheidet sich bei diskretem und stetigem Merkmal.

a) Bei diskretem Merkmal wird die Ordnungsstruktur der Urliste in der Weise gekippt, daß nicht länger die Ordnung der Merkmalsträger ($i = 1, \ldots, n$) die Reihenfolge der realisierten Merkmalswerte ($x_1, \ldots, x_n$) in der Tabelle bestimmt, sondern daß umgekehrt die Größenstruktur der potentiellen Merkmalsausprägungen zum Ordnungskriterium der Tabelle erhoben wird.[1]) Dementsprechend enthält die linke Spalte der Häufigkeitstabelle die größenmäßige Anordnung der möglichen Merkmalsausprägungen a_j ($j = 1, \ldots, m$).[2]) In der 2. Spalte steht dann zu jedem Merkmalswert a_j die Anzahl n_j der Merkmalsträger, die das Merkmal X in der Ausprägung a_j tragen,

[1]) Bei nominalskaliertem Merkmal ist willkürlich eine Ordnung festzulegen.
[2]) Die Anzahl der Merkmalswerte muß endlich sein, da bei unendlichen Merkmalen mit dieser Vorgehensweise keine vollständige Tabelle erzeugt werden kann. Unendliche oder Merkmale mit vielen Ausprägungen werden klassiert (vgl. b).

die sog. *absolute Häufigkeit*. Die Summe der 2. Spalte – also der n_j – entspricht genau der Anzahl der Merkmalsträger in der statistischen Masse.

$$(2.1) \quad \sum_{j=1}^{m} n_j = n$$

Die *relativen Häufigkeiten* n_j/n drücken aus, wieviel Prozent der Objekte in der statistischen Masse genau die Merkmalsausprägung $x_i = a_j$ besitzen. Sie werden senkrecht in die dritte Spalte eingetragen. Ihre Summe ist 1.

$$(2.2) \quad \sum_{j=1}^{m} \frac{n_j}{n} = \frac{1}{n} \sum_{j=1}^{m} n_j = \frac{1}{n} \cdot n = 1$$

Summiert man sukzessiv die relativen Häufigkeiten zu den Merkmalswerten gerade bis zum Index j auf, so erhält man die *kumulierten relativen Häufigkeiten* z_j/n, mit:

$$(2.3) \quad z_j = \sum_{k=1}^{j} n_k$$

Sie stehen in der vierten Spalte und informieren den Tabellenleser darüber, wieviel Prozent der Objekte einen Merkmalswert besitzen, der kleiner oder gleich a_j ist $(x_i \leqslant a_j)$. Ist $j = m$ – also die letzte Merkmalsausprägung erreicht –, dann gilt:

$$(2.4) \quad \frac{z_m}{n} = \sum_{k=1}^{m} \frac{n_k}{n} = 1$$

Häufigkeitstabelle diskretes Merkmal

a_j	n_j	$\frac{n_j}{n}$	$\frac{z_j}{n} = \sum_{k=1}^{j} \frac{n_k}{n}$
a_1	n_1	n_1/n	$z_1/n = n_1/n$
a_2	n_2	n_2/n	$z_2/n = n_1/n + n_2/n$
a_3	n_3	n_3/n	$z_3/n = n_1/n + n_2/n + n_3/n$
.	.	.	.
.	.	.	.
.	.	.	.
a_m	n_m	n_m/n	$z_m/n = \sum_{k=1}^{m} \frac{n_k}{n} = 1$
Σ	n	1	

Beispiel 2.2: Häufigkeitstabelle diskretes Merkmal

Aus der Urliste des Beispiels 2.1 ergibt sich folgende Häufigkeitstabelle:

Anzahl der Haushalts-mitglieder a_j	Anzahl der Haus-halte mit a_j Mitgliedern n_j	Anzahl der Haus-halte mit a_j Mitgliedern n_j/n	Anzahl der Haus-halte mit $\leqslant a_j$ Mitgliedern z_j/n
1	1	0,1	0,1
2	3	0,3	0,4
3	2	0,2	0,6
4	2	0,2	0,8
5	1	0,1	0,9
6	1	0,1	1,0
Σ	10	1,0	

b) Bei stetigem Merkmal – auch bei diskretem Merkmal mit vielen Ausprägungen – geht man so vor, daß man zunächst die Vielzahl von Merkmalswerten a auf eine geeignete Anzahl von Gruppen, sog. *Klassen* K_j mit der Untergrenze a_j^u und der Obergrenze a_j^o, aufteilt. Liegt dann die Realisation des Merkmals X beim i-ten Objekt x_i

zwischen den Klassengrenzen a_j^u und a_j^o ($a_j^u \leq x_i < a_j^o$), so wird diese Ausprägung im folgenden durch die *Klassenmitte*
$a_j := \frac{1}{2}(a_j^u + a_j^o)$ repräsentiert: $x_i = a_j$.

Abbildung 7: Klassenbildung

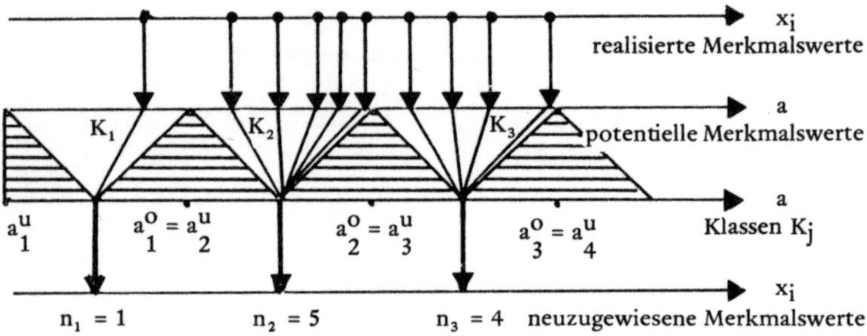

Durch die Klassenbildung werden die ursprünglichen Merkmalswerte x_i, wenn sie nicht gerade der Klassenmitte entsprechen ($x_i = a_j$), verfälscht. Diese Verfälschung wird umso gravierender sein, je größer die Klassenbreiten gewählt werden, bzw. je weniger Klassen gebildet werden. Im Einzelfall ist bei der Wahl der Klassen abzuwägen zwischen dem Nutzen rechnerischer Vereinfachung und den Kosten der Ungenauigkeit im Ergebnis. Darüber hinaus ist durch die Klassenbildung sicherzustellen, daß die Wahrscheinlichkeit des Auftretens eines Merkmalswertes für jeden möglichen Klassenpunkt a der Klasse K_j in etwa gleich groß ist.

Nachdem die Klassenbildung und die Ersetzung der Merkmalsausprägungen durch die Klassenmitte a_j vollzogen ist, wird mit dem stetigen Material so weiterverfahren wie mit diskretem, d. h. es werden absolute, relative und kumulierte relative Häufigkeiten gebildet (vgl. S. 23 f.). Zusätzlich wird in einer fünften Spalte die *Häufigkeitsdichte* eingetragen. Diese ergibt sich, wenn die relativen Häufigkeiten aus den einzelnen Klassen durch die Klassenbreiten $\Delta_j := a_j^o - a_j^u$ dividiert werden. Benötigt wird sie weniger zur verbalen Interpretation als vielmehr zur graphischen Darstellung stetigen Materials.

Häufigkeitstabelle stetiges Merkmal

$K_j = [a_j^u ; a_j^o)$ [1]	n_j	n_j/n	$z_j/n = \sum_{k=1}^{j} n_k/n$	$n_j/(n \cdot \Delta_j)$
$a_1^u - a_1^o$	n_1	n_1/n	$z_1/n = n_1/n$	$n_1/(n \cdot \Delta_1)$
$a_2^u - a_2^o$	n_2	n_2/n	$z_2/n = n_1/n + n_2/n$	$n_2/(n \cdot \Delta_2)$
$a_3^u - a_3^o$	n_3	n_3/n	$z_3/n = n_1/n + n_2/n + n_3/n$	$n_3/(n \cdot \Delta_3)$
.	.	.	.	.
.	.	.	.	.
.	.	.	.	.
$a_m^u - a_m^o$	n_m	n_m/n	$z_m/n = \sum_{k=1}^{m} n_k/n = 1$	$n_m/(n \cdot \Delta_m)$
Σ	n	1		

[1]) [a,b) beschreibt ein nach rechts halboffenes Intervall. Ein Intervall I (a,b) heißt genau dann nach rechts halboffen, wenn nur jene x im Intervall liegen, für die gilt: $a \leqslant x < b$.

Beispiel 2.3: Häufigkeitstabelle stetiges Merkmal

Ein Obstgroßhändler überprüft das gekaufte Obst (20 Kisten) auf das angegebene Gewicht von 20 kg pro Kiste

Urliste:

i	x_i
1	19,9
2	20,1
3	19,8
4	19,5
5	20,7
6	19,4
7	19,7
8	20,3
9	20,7
10	20,0

i	x_i
11	20,1
12	19,9
13	20,3
14	20,5
15	19,8
16	19,9
17	20,1
18	20,0
19	20,3
20	19,6

Häufigkeitstabelle

K_j	n_j	n_j/n	z_j/n	$n_j/(n \cdot \Delta_j)$
19,0–19,4	0	0	0	0
19,4–19,6	2	0,1	0,1	0,5
19,6–19,8	2	0,1	0,2	0,5
19,8–20,0	5	0,25	0,45	1,25
20,0–20,2	5	0,25	0,7	1,25
20,2–20,4	3	0,15	0,85	0,75
20,4–20,6	1	0,05	0,9	0,25
20,6–21,0	2	0,1	1,0	0,25
Σ	20	1,0		

Abbildung 8: Statistische Datenerhebung und -aufbereitung

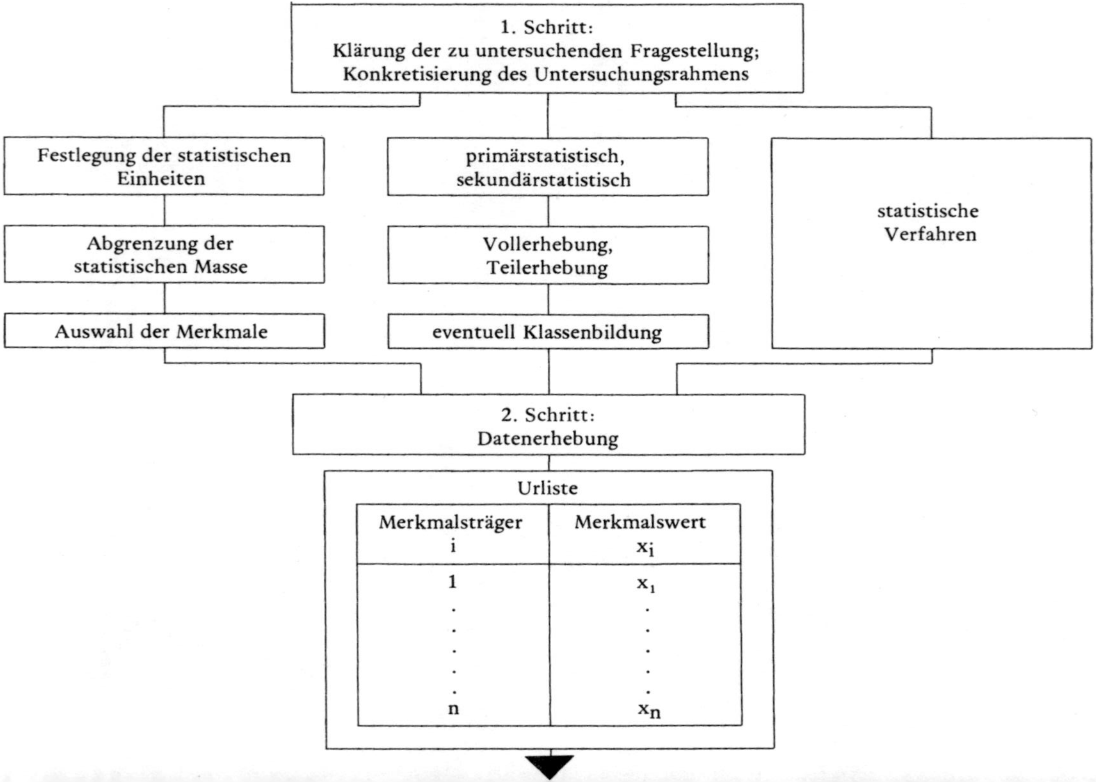

3. Schritt:
Datenaufbereitung

Häufigkeitstabelle diskretes Merkmal

Merkmalswert a_j	absolute Häufigkeit n_j	relative Häufigkeit n_j/n	kumul. rel. Häufigkeit z_j/n
a_1	n_1	n_1/n	z_1/n
.	.	.	.
.	.	.	.
.	.	.	.
.	.	.	.
a_m	n_m	n_m/n	z_m/n
Σ	n	1	

Häufigkeitstabelle stetiges Merkmal

Klassen K_j	absolute Häufigk. n_j	relative Häufigk. n_j/n	kum. rel. Häufigk. z_j/n	Häufigkeitsdichte $n_j/(n \cdot \Delta_j)$
$a_1^o - a_1^o$	n_1	n_1/n	z_1/n	$n_1/(n \cdot \Delta_1)$
.	.	.	.	.
.	.	.	.	.
.	.	.	.	.
.	.	.	.	.
$a_m^u - a_m^o$	n_m	n_m/n	z_m/n	$n_m/(n \cdot \Delta_m)$
Σ	n	1		

Auswertung

4. Zusammenfassung, Aufgaben, Literaturhinweise

Zusammenfassung

Das Vorgehen der statistischen Datenerhebung und -aufbereitung vollzieht sich in drei Schritten (vgl. Abb. 8 auf S. 28/29):

- Klärung der zu untersuchenden Fragestellung, Konkretisierung des Untersuchungsrahmens
- Datenerhebung
- Datenaufbereitung.

● *Definition 2.1:* Eine **Urliste** ist eine zweispaltige Tabelle, die links die fortlaufende Nummer des Merkmalsträgers i und rechts seine Merkmalsausprägung x_i enthält. Sie dient der Aufzeichnung statistischer Beobachtungen in der Phase der Datenerhebung.

● *Definition 2.2:* Die **absolute Häufigkeit** n_j gibt an, wieviele Merkmalsträger das Merkmal X in der Ausprägung $x_i = a_j$ $(i = 1, \ldots, n)$ tragen.

Die **relative Häufigkeit** n_j/n beschreibt den Anteil der Merkmalsträger aus der statistischen Masse, die das Merkmal X in der Ausprägung $x_i = a_j$ $(i = 1, \ldots, n)$ tragen.

Die **kumulierte relative Häufigkeit** $\frac{z_j}{n} = \sum_{k=1}^{j} n_k/n$ beschreibt den Anteil der Merkmalsträger aus der statistischen Masse, die das Merkmal X in der Ausprägung $x_i \leq a_j$ $(i = 1, \ldots, n)$ tragen.

Die **Häufigkeitsdichte** $n_j/(n \cdot \Delta_j)$ (stetiges Merkmal) repräsentiert die relative Häufigkeit in einer Klasse K_j, bezogen auf eine Einheit des Klassenintervalls.

● *Definition 2.3:* Die **Häufigkeitstabelle** ist eine mehrspaltige Übersicht, die nacheinander die möglichen Merkmalsausprägungen a_j (diskreter Fall) bzw. Klassen K_j (stetiger Fall) in aufsteigender Ordnung, die absoluten n_j, die relativen n_j/n, die kumulierten relativen Häufigkeiten z_j/n und die Häufigkeitsdichte $n_j/(n \cdot \Delta_j)$ (nur im stetigen Fall) enthält.

Aufgaben

2.1) Die Schüler einer Klasse weisen folgende Deutschnoten auf:

Merz: 2, Kluge: 4, Ape: 5, Ewert: 3, Schlegel: 4,
Barte: 1, Meyer: 3, Thoms: 4, Duran: 2, Schulz: 3.

Erstellen Sie die Urliste und die Häufigkeitstabelle!

2.2) Um einen ungefähren Eindruck von Bedürftigkeit zu haben, befragt der Gemeinderat eines kleinen Dorfes seine 10 Sozialhilfeempfänger nach ihren monatlichen Einkünften. Die Ergebnisse der Befragung sind in der nachfolgenden Urliste festgehalten.

Empfänger	Einkünfte
1	425,– DM
2	575,– DM
3	350,– DM
4	625,– DM
5	780,– DM

Empfänger	Einkünfte
6	600,– DM
7	350,– DM
8	525,– DM
9	400,– DM
10	475,– DM

Erstellen Sie die zugehörige Häufigkeitstabelle (Klasseneinteilung: 0–400; 400–500; 500–600; 600–800).

Literaturhinweise

Hansen, G.: Methodenlehre der Statistik, 2. Aufl., München 1977
Hochstädter, D.: Einführung in die statistische Methodenlehre, 2. Aufl., Frankfurt/M. – Bern – Las Vegas 1978
Kellerer, H.: Statistik im modernen Wirtschafts- und Sozialleben, 16. Aufl., Hamburg 1974
Stenger, H.: Statistik I, Göttingen 1971

Kapitel 3
HÄUFIGKEITS- UND VERTEILUNGSFUNKTION

Die erste Stufe in der Phase der statistischen Auswertung ist die graphische Darstellung des Erhebungsmaterials. Durch die Konstruktion der Häufigkeitstabelle wurden für diese Phase schon einige wichtige Rechenschritte vollzogen.

Wiederum ist die Art des Vorgehens zur Erstellung dieser Graphiken danach zu differenzieren, ob es sich um diskretes oder stetiges Material handelt.

1. Häufigkeits- und Verteilungsfunktion bei diskreten Merkmalen

Die *Häufigkeitsfunktion*, auch genannt *Häufigkeitsverteilung*, vermittelt einen graphischen Eindruck über die Verteilung der relativen Häufigkeiten (n_j/n) auf die möglichen Merkmalsausprägungen a_j. Sie informiert darüber, wie groß der Anteil der Merkmalsträger, die gerade das Merkmal X in der Ausprägung $x_i = a_j$ tragen, in der Erhebung ist; die Häufigkeitsfunktion ist also die graphische Darstellung der relativen Häufigkeiten.

Häufigkeitsfunktion diskretes Merkmal:

$$(3.1) \quad f(x) = \begin{cases} \frac{n_j}{n} & \text{für } x = a_j \\ 0 & \text{sonst} \end{cases}$$

Mit obiger Abbildungsvorschrift ist auch die graphische Darstellung präjudiziert. Trägt man entlang der Abszisse die möglichen Merkmalswerte a_j, entlang der Ordinate die relativen Häufigkeiten n_j/n ab, so entsteht die nachfolgende Abbildung.

Abbildung 9: Die Häufigkeitsfunktion für diskretes Merkmal

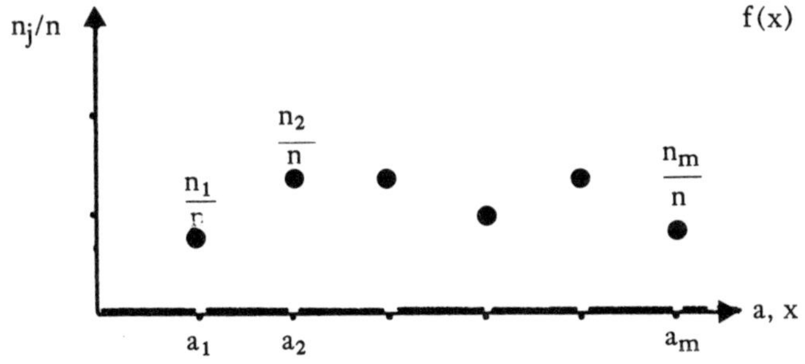

Der Übersichtlichkeit halber verbindet man anschließend die Häufigkeitspunkte (n_j/n) vertikal mit der Abszisse. Das so entstehende Balkendiagramm ist die allgemein übliche Darstellungart der Häufigkeitsfunktion für diskretes Material.

Beispiel 3.1: Die Häufigkeitsfunktion für diskretes Merkmal (bezogen auf die Häufigkeitstabelle des Beispiels 2.2)

Abbildung 10

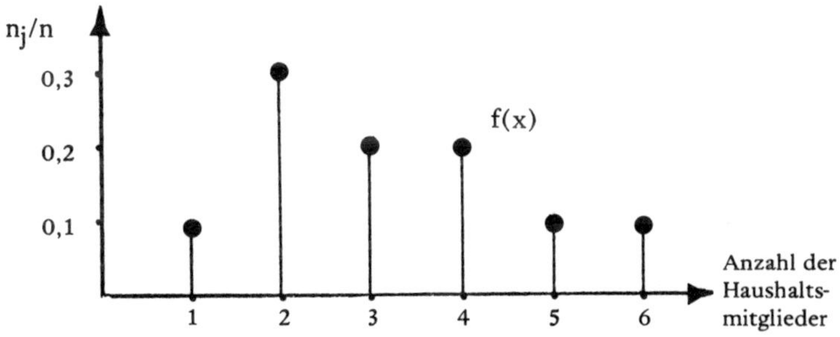

Ebenso wie die relativen Häufigkeiten in Abb. 10, so können auch die kumulierten relativen Häufigkeiten z_j/n graphisch veranschaulicht werden. Man nennt diese Darstellung *Verteilungsfunktion* F(x) und definiert sie wie folgt:

Verteilungsfunktion diskretes Merkmal:

$$(3.2) \quad F(x) = \begin{cases} 0 & \text{für} \quad x < a_1 \\ \frac{z_j}{n} & \text{für} \quad a_j \leqslant x < a_{j+1} \\ 1 & \text{für} \quad a_m \leqslant x \end{cases}$$

Abbildung 11: Die Verteilungsfunktion für diskretes Merkmal[1])

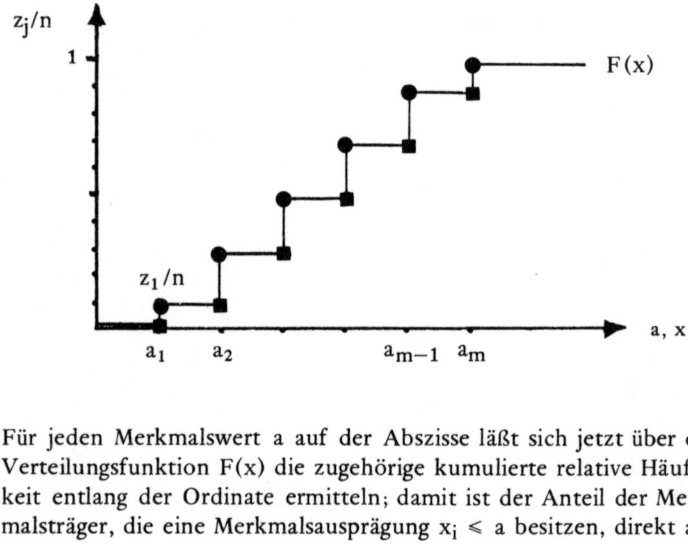

Für jeden Merkmalswert a auf der Abszisse läßt sich jetzt über die Verteilungsfunktion F(x) die zugehörige kumulierte relative Häufigkeit entlang der Ordinate ermitteln; damit ist der Anteil der Merkmalsträger, die eine Merkmalsausprägung $x_i \leqslant a$ besitzen, direkt angebbar.

---

[1]) Die Kreise • signalisieren die Annahme des Funktionswertes für $x = a_j$, die Quadrate ▪ die Annahme in einer beliebig engen Umgebung von a_j und die Nichtannahme für $x = a_j$.

Beispiel 3.2: Die Verteilungsfunktion für diskretes Merkmal (bezogen auf die Häufigkeitstabelle des Beispiels 2.2)

Abbildung 12

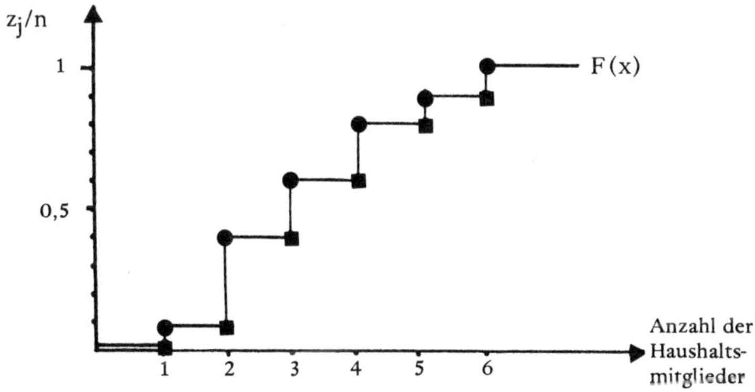

Diskrete Häufigkeits- und Verteilungsfunktion stehen in folgendem funktionalen Zusammenhang zueinander:

(3.3) $F(x) = \sum_{y \leqslant x} f(y)$ (diskretes Merkmal)

Die Verteilungsfunktion F an einer Stelle x informiert über die Summe aller durchlaufenen Werte von f bis zur Stelle x. Verteilungs- und Häufigkeitsfunktion stehen also in der gleichen mathematischen Beziehung zueinander wie kumulierte relative Häufigkeit und relative Häufigkeit.

Der Wert der Verteilungsfunktion F(x) vermittelt, wie bereits angesprochen, die Größe des Anteils der Merkmalsträger, die einen Merkmalswert kleiner oder gleich x aufweisen. Umgekehrt wird damit auch über den Anteil der Merkmalsträger informiert, die einen größeren Merkmalswert aufweisen. Dieser Anteil ist: $1 - F(x)$. „Null'' wäre er, wenn x die größte Merkmalsausprägung a_m angenommen hätte, da dann alle Merkmalsträger diesen oder einen kleineren Wert tragen. Deshalb gilt [vgl. Gleichung (2.4)]:

(3.4) $F(a_m) = \sum_{y \leqslant a_m} f(y) = 1$

2. Häufigkeits- und Verteilungsfunktion bei stetigen Merkmalen

Stetige Merkmalsausprägungen haben wir in Klassen K_j zusammengefaßt[1]) und dafür relative sowie kumulierte relative Häufigkeiten und die Häufigkeitsdichte per Häufigkeitstabelle angegeben. Diese Klassen stellen nach rechts halboffene Werteintervalle[2]) mit den Grenzen a_j^u und a_j^o dar; sie sind dementsprechend auch im Häufigkeitsdiagramm als Werteintervalle auszugeben.

Je breiter eine Klasse ist, desto größer ist der Anteil der Merkmalsträger, die in sie hineinfallen. Würde man in gleicher Weise wie bei diskretem Merkmal über den Intervallen die relative Häufigkeit als Wert der Häufigkeitsfunktion abtragen, so ergäbe sich bei größeren Klassenbreiten durch die nunmehr gestiegene relative Häufigkeit in diesen ein überdimensionierter Flächeneindruck (vgl. Abb. 13).

Abbildung 13:

Die Steigerung des Flächeneindrucks durch die Zusammenlegung von Klassen (K_1 und K_2 werden zusammengelegt)

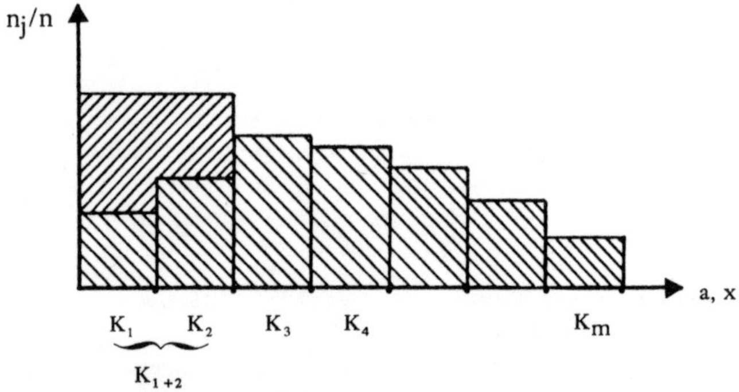

Benutzt man hingegen die Häufigkeitsdichte – die relative Häufigkeit pro Intervallbreiteneinheit $n_j/(n \cdot \Delta_j)$ – als darzustellende Größe (vgl. Abb. 14), so bedeutet die Zusammenlegung von K_1 und K_2 zu K_{1+2}, daß die relative Häufigkeit auf $(n_1+n_2)/n$ und

[1]) Vgl. Kapitel 2.3.b

[2]) Vgl. Tabellen-Fußnote auf Seite 27

gleichzeitig die Intervallbreite auf $\Delta_{1+2} := \Delta_1 + \Delta_2$ ansteigt. Die ursprüngliche Gesamtfläche beider Klassen:

$F_1 + F_2 = n_1 / (n \cdot \Delta_1) \cdot \Delta_1 + n_2 /(n \cdot \Delta_2) \cdot \Delta_2 = (n_1 + n_2)/n$

bleibt jedoch in K_{1+2} unverändert:

$F_{1+2} = [(n_1 + n_2)/(n \cdot \Delta_{1+2})] \cdot \Delta_{1+2} = (n_1 + n_2)/n.$

Die Fläche über einem Wertintervall beschreibt die relative Häufigkeit in der entsprechenden Klasse. Flächenmanipulationen durch gezielte Klassenbildungen sind in dieser Darstellungsweise nicht möglich.

Die Häufigkeitsfunktion, für stetiges Merkmal auch *Dichtefunktion* genannt, ist dementsprechend folgendermaßen definiert:

Häufigkeitsfunktion stetiges Merkmal:

$$(3.5) \quad f(x) = \begin{cases} \dfrac{n_j}{n \cdot \Delta_j} & \text{für} \quad a_j^u \leqslant x < a_j^o \\ 0 & \text{sonst} \end{cases}$$

Abbildung 14: Die Häufigkeitsfunktion für stetiges Merkmal

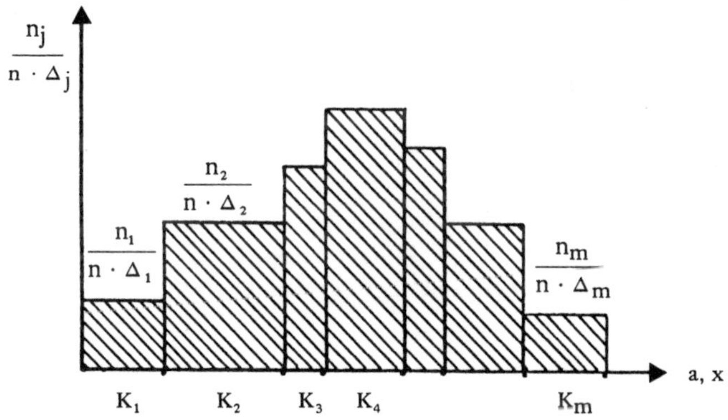

Beispiel 3.3: Die Häufigkeitsfunktion für stetiges Merkmal (bezogen auf die Häufigkeitstabelle des Beispiels 2.3)

Abbildung 15

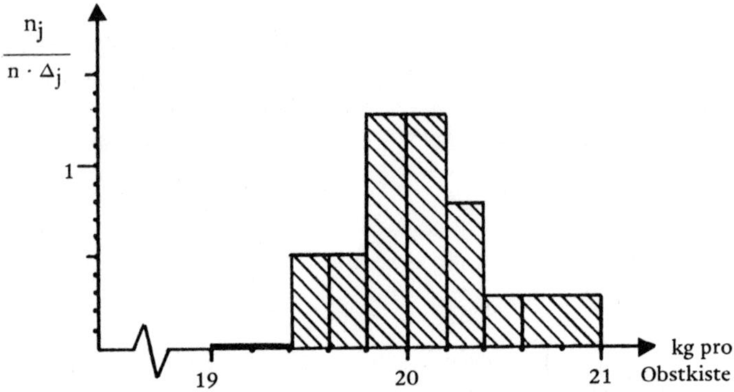

Wie bereits angeführt, vermitteln die Flächengrößen unterhalb der Häufigkeitsverteilung die Größe der relativen Häufigkeiten. Will man nun in Analogie zur diskreten die stetige Verteilungsfunktion F(x) bilden, dann muß die Größe des Funktionswertes dieser Funktion an einer Stelle x dem Inhalt der bis zu diesem Punkt unterhalb der Häufigkeitsfunktion durchlaufenen Flächen entsprechen (vgl. Abb. 16 und 17).

Somit ist für stetige Merkmale die Verteilungsfunktion das Integral der Häufigkeitsfunktion.

$$(3.6) \qquad F(x) = \int_{-\infty}^{x} f(y)\,dy$$

Da die zugehörige Häufigkeitsverteilung eine Treppenfunktion ist, läßt sich dieses Integral sehr einfach lösen. Zunächst wird es in die Teilintegrale für die einzelnen Klassen untergliedert.

$$(3.7) \qquad \int_{-\infty}^{x} f(y)\,dy = \int_{-\infty}^{a_1^u} f(y)\,dy + \int_{a_1^u}^{a_1^o} f(y)\,dy + \int_{a_2^u}^{a_2^o} f(y)\,dy + \ldots + \int_{a_{j*}^u}^{x} f(y)\,dy$$

$$\text{mit } a_{j*}^u = \sup \left\{ a_j^u : a_j^u < x \right\}$$ [1])

Abbildung 16, 17: Konstruktion der Verteilungsfunktion

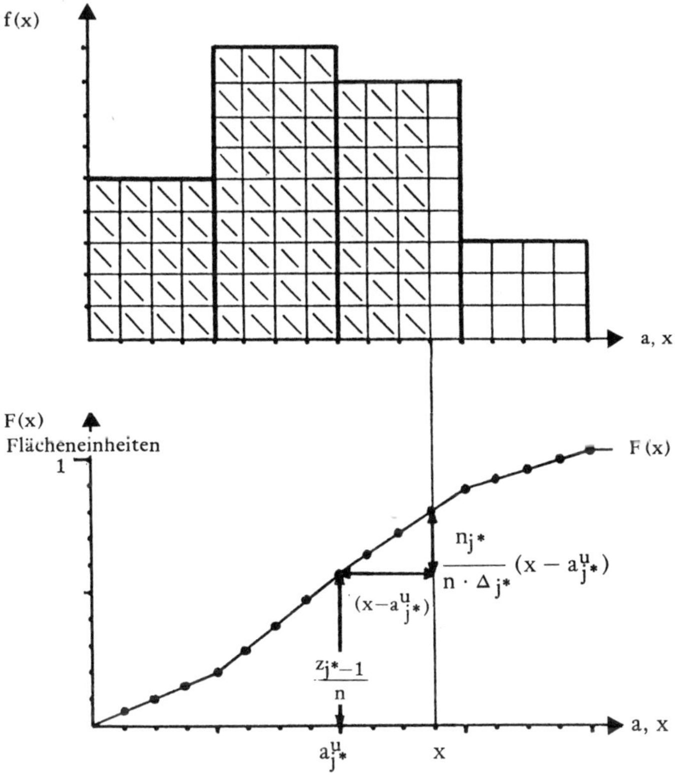

1 Kästchen entspricht 0,01 Flächeneinheiten

Anschließend werden für die Teilintegrale die Werte der Dichtefunktion f(x) eingesetzt [vgl. (3.5)] und dann elementar integriert.

---

[1]) a^u_{j*} ist das Supremum der Menge $\{a^u_j : a^u_j < x\}$, d. h. a^u_{j*} ist die größte Klassenuntergrenze, die gerade noch kleiner als x ist.

$$(3.8)\qquad \int_{-\infty}^{x} f(y)\,dy =$$

$$= \int_{-\infty}^{a_1^u} 0\,dy + \int_{a_1^u}^{a_1^o} \frac{n_1}{n\cdot\Delta_1}\,dy + \int_{a_2^u}^{a_2^o} \frac{n_2}{n\cdot\Delta_2}\,dy + \ldots + \int_{a_{j^*}^u}^{x} \frac{n_{j^*}}{n\cdot\Delta_{j^*}}$$

$$= [0]_{-\infty}^{a_1^u} + \left[\frac{n_1}{n\cdot\Delta_1}\cdot y\right]_{a_1^u}^{a_1^o} + \left[\frac{n_2}{n\cdot\Delta_2}\cdot y\right]_{a_2^u}^{a_2^o} + \ldots + \left[\frac{n_{j^*}}{n\cdot\Delta_{j^*}}\cdot y\right]_{a_{j^*}^u}^{x}$$

$$= 0 + \frac{n_1}{n\cdot\Delta_1}(a_1^o - a_1^u) + \frac{n_2}{n\cdot\Delta_2}(a_2^o - a_2^u) + \ldots + \frac{n_{j^*}}{n\cdot\Delta_{j^*}}(x - a_{j^*}^u)$$

Die Klassenbreite Δ_j wurde in Kapitel 2.3. b als $\Delta_j := a_j^o - a_j^u$ definiert. Wir ersetzen daher im folgenden $(a_j^o - a_j^u)$ durch Δ_j. Anschließend wird ausgerechnet.

$$(3.9)\qquad \int_{-\infty}^{x} f(y)\,dy =$$

$$= \frac{n_1}{n\cdot\Delta_1}\cdot\Delta_1 + \frac{n_2}{n\cdot\Delta_2}\cdot\Delta_2 + \ldots + \frac{n_{j^*}}{n\cdot\Delta_{j^*}}(x - a_{j^*}^u)$$

$$= \frac{n_1}{n} + \frac{n_2}{n} + \ldots + \frac{n_{j^*}}{n\cdot\Delta_{j^*}}(x - a_{j^*}^u)$$

$$= \sum_{k=1}^{j^*-1} \frac{n_k}{n} + \frac{n_{j^*}}{n\cdot\Delta_{j^*}}(x - a_{j^*}^u)$$

Wenn wir weiterhin berücksichtigen, daß die $\sum_{k=1}^{j^*-1} \frac{n_k}{n}$ der kumulierten, relativen Häufigkeit der (j^*-1)-ten Klasse z_{j^*-1}/n entspricht, erhalten wir als Verteilungsfunktion für stetiges, klassiertes Merkmal (vgl. Abb. 17):

Verteilungsfunktion stetiges, klassiertes Merkmal:

$$(3.10)\qquad F(x) = \frac{z_{j^*} - 1}{n} + \frac{n_{j^*}}{n\cdot\Delta_{j^*}}(x - a_{j^*}^u)$$

$$\text{mit}\quad a_{j^*}^u = \sup\{a_j^u : a_j^u < x\}$$

Korrespondierend zur Aussage (3.4) – die Summe der Funktionswerte der diskreten Häufigkeitsfunktion (relative Häufigkeiten) ist 1 – kann für die Häufigkeitsverteilung bei stetigem Merkmal konstatiert werden: Die Fläche unterhalb der Häufigkeitsfunktion ist 1.

$$(3.11) \quad F(a_m^o) = \frac{z_{m-1}}{n} + \frac{n_m}{n \cdot \Delta_m}(a_m^o - a_m^u)$$

$$= \frac{z_{m-1}}{n} + \frac{n_m}{n} = \frac{z_m}{n} = 1$$

Beispiel 3.4: Die Verteilungsfunktion für stetiges Merkmal (bezogen auf die Häufigkeitstabelle des Beispiels 2.3)

Abbildung 18

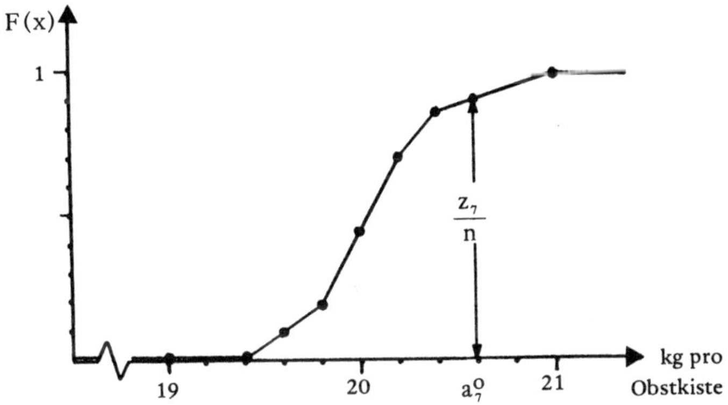

Sofern x der Klassenobergrenze entspricht: $x = a_k^o$ $(k = 1, \ldots, m)$, gilt:

$$(3.12) \quad F(x) = \frac{z_{k-1}}{n} + \frac{n_k}{n \cdot \Delta_k}(a_k^o - a_k^u) = \frac{z_k}{n},$$

d. h. an den Klassenobergrenzen nimmt die Verteilungsfunktion gerade den Wert der kumulierten relativen Häufigkeit in dieser Klasse an.

Ermittlung des Verteilungsfunktionswertes für stetiges Merkmal:

Der Wert der Verteilungsfunktion ergibt sich nach (3.10) dadurch, daß

1. in der Häufigkeitstabelle die Klasse K_{j*}, in die der Merkmalswert x hineinfällt, aufgesucht,
2. dieser Klasse die Klassenuntergrenze a^u_{j*} entnommen,
3. die von x bereits durchlaufene Klassenbreite $(x-a^u_{j*})$ bestimmt,
4. aus der Häufigkeitstabelle die Häufigkeitsdichte $n_{j*} / (n \cdot \Delta_{j*})$ der Klasse K_{j*} ermittelt,
5. das Produkt aus Häufigkeitsdichte und durchlaufener Klassenbreite $\frac{n_{j*}}{n \cdot \Delta_{j*}} (x - a^u_{j*})$ berechnet,
6. die kumulierte relative Häufigkeit der vorhergehenden Klasse K_{j*-1} der Tabelle entnommen und
7. die Addition von Produkt (5.) und kumulativer relativer Häufigkeit (6.) durchgeführt wird.

Beispiel 3.5: Berechnung eines Funktionswertes der Verteilungsfunktion

Berechnung des Wertes für x = 20,1 bezogen auf die Häufigkeitstabelle aus Beispiel 2.3.

1. Der Wert 20,1 fällt in die 5. Klasse.
2. Die Klassenuntergrenze ist 20,0.
3. Die durchlaufene Klassenbreite beträgt:
   $(x-a^u_5) = 20{,}1 - 20{,}0 = 0{,}1.$
4. Die Häufigkeitsdichte der 5. Klasse ist 1,25.
5. Die Multiplikation von Häufigkeitsdichte und durchlaufener Klassenbreite ergibt:
   $\frac{n_5}{n \cdot \Delta_5}(x-a^u_5) = 0{,}125$
6. Die kumulierte relative Häufigkeit von K_4 ist:
   $\frac{z_4}{n} = 0{,}45$

7. Damit beträgt $F(x) = 0{,}45 + 0{,}125 = 0{,}575$.

57,5 % der Obstkisten haben ein Füllgewicht unter 20,1 kg, 42,5 % eines über 20,1 kg.

Dieses Ergebnis erhält man auch, wenn man sich der Abb. 18 bedient.

Umgekehrt kann zu einem vorgegebenen Funktionswert der Verteilung auch das zugehörige Argument x berechnet werden. Die Berechnungsformel erhält man, indem (3.10) nach x aufgelöst wird.

Prozentpunkt der Verteilungsfunktion für stetiges, klassiertes Merkmal:

$$(3.13) \quad x = a^u_{j^*} + \left(F(x) - \frac{z_{j^*-1}}{n}\right) / \frac{n_{j^*}}{n \cdot \Delta_{j^*}}$$

Da der Funktionswert $F(x) = \frac{p}{100}$ $(0 \leqslant p < 100)$ aussagt, daß p Prozent der Merkmalsträger eine ebenso große bzw. kleinere Merkmalsausprägung wie x aufweisen, nennt man x auch den *p-Prozentpunkt* der Verteilungsfunktion $F(x)$: ${}^px$.

Beispiel 3.6: Berechnung eines Prozentpunktes

Berechnung des 40-Prozentpunktes, bezogen auf die Häufigkeitstabelle des Beispiels 2.3.

1. Ermittlung der Klasse, in die der Punkt fällt: 4. Klasse
2. Klassenuntergrenze: $a^u_4 = 19{,}8$
3. Prozentpunkt: $F(x) = 0{,}4$
4. Kumulierte relative Häufigkeit vorhergehender Klasse: $\frac{z_3}{n} = 0{,}2$
5. Häufigkeitsdichte: 1,25
6. ${}^{40}x = 19{,}8 + (0{,}4 - 0{,}2)/1{,}25 = 19{,}96$

40 % der Obstkisten haben ein Gewicht von 19,96 kg oder weniger.

3. Zusammenfassung, Aufgaben, Literaturhinweise

Zusammenfassung

● *Definition 3.1:* Die **Häufigkeitsfunktion** dient u. a. der graphischen Veranschaulichung der erhobenen relativen Häufigkeiten.

Die **Häufigkeitsfunktion für diskretes Merkmal** lautet:

$$f(x) = \begin{cases} \frac{n_j}{n} & \text{für} \quad x = a_j \\ 0 & \text{sonst} \end{cases}$$

Ihre Darstellung erfolgt in Form eines Stabdiagramms.

Abbildung 19

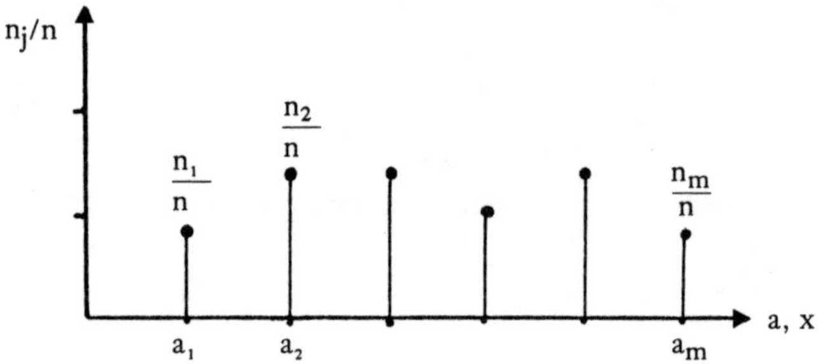

Die **Häufigkeitsfunktion für klassiertes, stetiges Merkmal** lautet:

$$f(x) = \begin{cases} \frac{n_j}{n \cdot \Delta_j} & \text{für} \quad a_j^u \leq x < a_j^o \\ 0 & \text{sonst} \end{cases}$$

Ihre Darstellung erfolgt in Form eines Säulendiagramms.

Abbildung 20

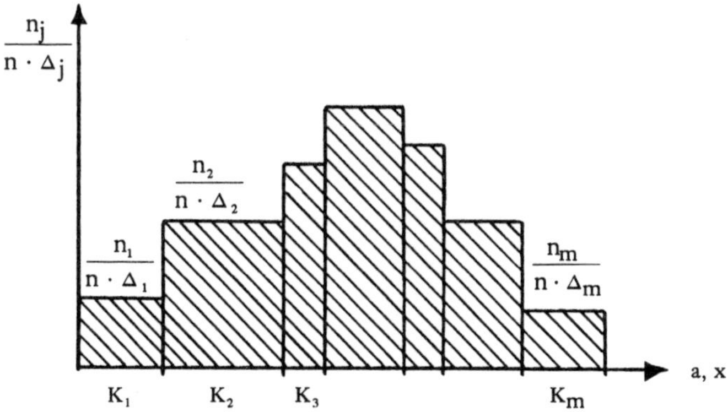

● *Definition 3.2:* Die **Verteilungsfunktion** dient u. a. der graphischen Darstellung der kumulierten relativen Häufigkeiten.

Die **Verteilungsfunktion für diskretes Merkmal** lautet:

$$F(x) = \sum_{y \leq x} f(y) = \begin{cases} 0 & \text{für} \quad x < a_1 \\ \frac{z_j}{n} & \text{für} \quad a_j \leq x < a_{j+1} \\ 1 & \text{für} \quad a_m \leq x \end{cases}$$

Sie hat folgendes Aussehen:

Abbildung 21

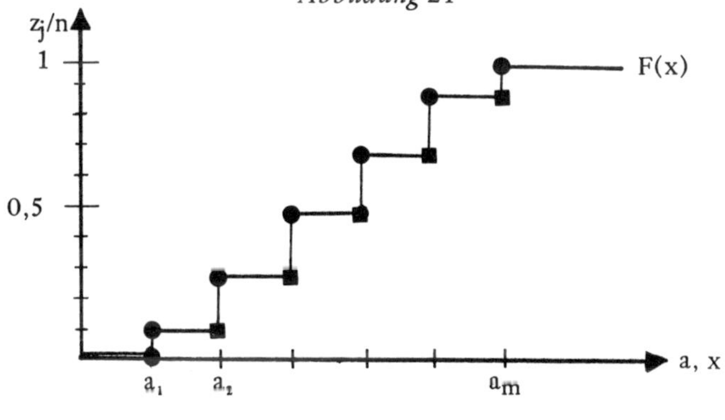

Die **Verteilungsfunktion für klassiertes, stetiges Merkmal** lautet:

$$F(x) = \int_{-\infty}^{x} f(y)\,dy = \begin{cases} 0 & \text{für } x < a_1^u \\ \frac{z_{j-1}}{n} + \frac{n_j}{n \cdot \Delta_j}(x - a_j^u) & \text{für } a_j^u \leq x < a_j^o \text{ [1])} \\ 1 & \text{für } a_m^o \leq x \end{cases}$$

Sie hat folgendes Aussehen:

Abbildung 22

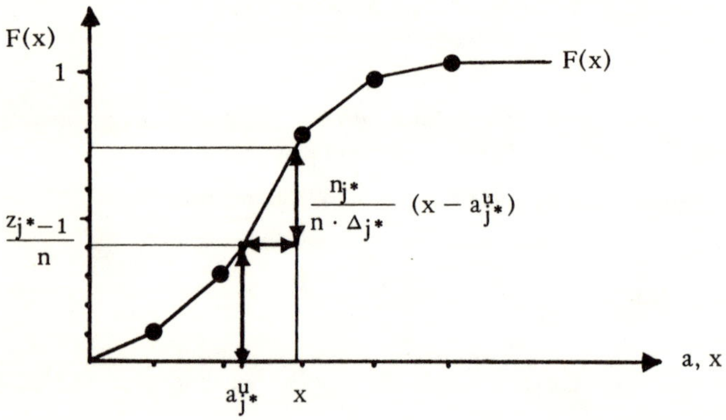

● *Definition 3.3:* Ein **p-Prozentpunkt** der Verteilungsfunktion F(x) ist eine Merkmalsausprägung x, für die $F(x) = \frac{p}{100}$ ist. Zu vorgegebenen p berechnet er sich wie folgt:

$$p_x = a_{j*}^u + \left(\frac{p}{100} - \frac{z_{j*-1}}{n} \right) / \frac{n_{j*}}{n \cdot \Delta_{j*}}$$

---

[1]) Für j=1 sei $z_{j-1} = z_0$ definiert als $z_0 := 0$.

Aufgaben

3.1) Eine Spirituosenfabrik stellt nach Abschaffung der vertikalen Preisbindung Nachforschungen bei ihren Abnehmern darüber an, ob diese sich an die unverbindliche Preisempfehlung des Herstellers von 20,– DM pro 0,7 l-Flasche gehalten haben. Die Totalerhebung des Flaschenverkaufs in einer Kleinstadt im letzten Jahr führte zu folgenden Befragungsergebnissen:

Name:	Umsatz:
Spirituosengeschäft Weber	50 Fl. à 15,45 DM
	70 Fl. à 16,95 DM
	200 Fl. à 17,49 DM
	180 Fl. à 17,98 DM
Warenhandelsgeschäft Siebert	500 Fl. à 20,90 DM
	700 Fl. à 17,99 DM
	300 Fl. à 16,99 DM
	2 300 Fl. à 19,99 DM
	2 000 Fl. à 20,49 DM
	700 Fl. à 22,18 DM
Lebensmittelgeschäft Meyer	400 Fl. à 20,48 DM
Getränkemarkt Lau	900 Fl. à 17,– DM
	600 Fl. à 18,– DM
	1 100 Fl. à 21,– DM

Benutzen Sie beginnend bei $a_j^u = 15$ gleichgroße Klassen der Breite 2.

a) Konstruieren Sie die Häufigkeitsfunktion und die Verteilungsfunktion.

b) Bestimmen Sie den Wert der Verteilungsfunktion für einen Preis von 20,– DM. Was sagt dieser Funktionswert aus?

c) Ermitteln Sie den 10 Prozentpunkt. Welche Aussage ermöglicht dieser?

3.2) Um den Auslastungsgrad einer Telefonanlage zu ermitteln, wurde die Zahl der ankommenden und ausgehenden Gespräche innerhalb von 30-Minuten-Intervallen beobachtet.

Anzahl der Gespräche	Anzahl der 30-Minuten-Intervalle
0	1
1	2
2	4
3	5
4	4
5	3
6	1

Konstruieren Sie die Häufigkeits- und Verteilungsfunktion.

Literaturhinweise

Bamberg, G.; Baur, F.: Statistik, München 1980

Ferschl, F.: Deskriptive Statistik, Würzburg-Wien 1978

Hansen, G.: Methodenlehre der Statistik, 2. Aufl., München 1977

Heiler, S.; Rinne, H.: Einführung in die Statistik, 2. Aufl., Meisenheim am Glan 1976

Hochstädter, D.: Einführung in die statistische Methodenlehre, 2. Aufl., Frankfurt/M.-Bern-Las Vegas 1978

Wallis, W. A., Robert, H. V.: Methoden der Statistik, 7. Aufl., Freiburg i. Br., 1980

Wetzel, W.: Statistische Grundausbildung für Wirtschaftswissenschaftler, Band 1: Beschreibende Statistik, Berlin-New York 1971

Kapitel 4
EINFACHE STATISTISCHE MASSZAHLEN

Das vorliegende Datenmaterial wurde bisher dadurch gestrafft, daß es zu Häufigkeitstabellen verdichtet und graphisch veranschaulicht wurde. Zwar vermitteln Tabellen und Graphiken dem Betrachter erste Eindrücke über die Verteilung eines Merkmals in der statistischen Masse, jedoch sind zwischen ihnen vergleichende Analysen hinsichtlich der Verteilung eines Merkmals in zwei oder mehreren statistischen Massen nur schwer möglich; auch sind diese Instrumente zu keiner mathematisch-analytischen Weiterverwendung – wie sie bspw. in der statistischen Testtheorie beim Schluß von der Stichprobe auf die Gesamtheit unabdingbar ist – brauchbar. In einem Prozeß weiterer Informationsverdichtung werden daher statistische Maßzahlen berechnet, die dazu dienen sollen, die Verteilung eines Merkmals zwar nicht umfassend zu beschreiben, so jedoch diese zu charakterisieren.

1. Mittelwerte

Mittelwerte, bisweilen auch *Lokalisationsmaße* oder *Lageparameter* genannt, geben Auskunft über die zentrale Tendenz der Merkmalswerte, d. h. sie informieren darüber, um welche Merkmalsausprägung a sich die Merkmalswerte x_i ballen. Somit ist die Chance relativ gering, in der statistischen Masse einen Merkmalswert aufzufinden, der nicht in einer engen Umgebung des Lageparameters liegt. Da zu jeder Häufigkeitsverteilung genau ein Lokalisationsmaß $\bar{x}$ bestimmt wird, ist die Anwendung dieser Kennziffer nur bei eingipfligen Häufigkeitsverteilungen sinnvoll (vgl. Abb. 23). Bei zwei- oder mehrgipfligen Verteilungen kann ein einzelner Parameter der an ihn gestellten Anforderung (s. o.) nicht mehr genugen.

Abbildung 23: Lokalisationsmaße bei ein- und zweigipfligen Verteilungen

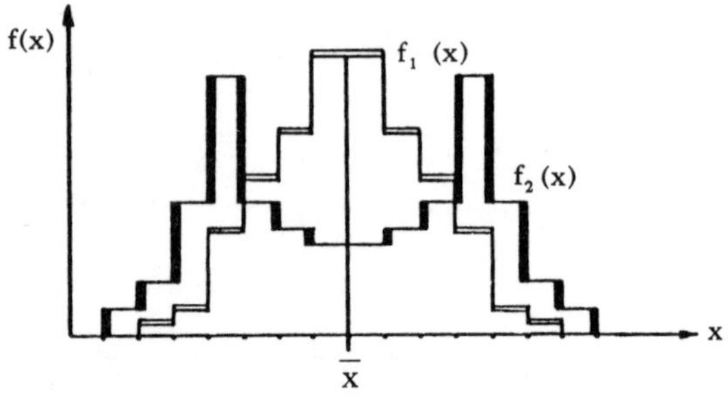

1.1 Die Skalenanforderung des Mittelwertes

Statistische Maßzahlen stellen gewisse Anforderungen an das Skalenniveau des betrachteten Merkmals. Es wäre unsinnig und irreführend zugleich, eine Maßzahl zu berechnen, deren Skalenanforderung die Skalierung des Merkmals übersteigt. Die Berechnung eines durchschnittlichen Familienstandes oder die Abweichung der Geschlechter von einem Durchschnittsgeschlecht untermalen derartigen statistischen Mißbrauch. Die Skalenanforderung des Lageparameters $\overline{x}$, der abhängt von den Merkmalswerten $x_1, x_2, \ldots, x_n$, bestimmt sich über die Menge G der Transformationen g, für die gilt:

> Skalenanspruch für Mittelwerte:
>
> (4.1) $g(\overline{x}(x_1, \ldots, x_n)) = \overline{x}(g(x_1), \ldots, g(x_n))$

Die Transformation des Mittelwertes hat also dem Mittelwert der transformierten Merkmalswerte zu entsprechen. Damit unterliegt die Maßzahl $\overline{x}$ genau der gleichen Transformation wie die Merkmalswerte. Die Bedingung sichert, daß die Beziehung zwischen $\overline{x}$ und $x_1, \ldots, x_n$ durch die Transformation g nicht gestört wird. Je weniger Transformationen der Anforderung (4.1) bezüglich eines Lokalisationsmaßes $\overline{x}$ genügen, desto höher ist die Skalenanforderung von $\overline{x}$ und damit die Aussagekraft dieser Maßzahl. Ist bspw. die Menge G auf homogene, monoton wachsende Lineartransformationen geschrumpft, so ist die Skalenanforderung von $\overline{x}$ die Verhältnisskala.[1])

[1]) Vgl. S. 14 f., Punkt a_{23}

Beispiel 4.1: Skalenanforderung eines Lageparameters

Das Merkmal X sei in einer Gesamtheit mit n = 5 Merkmalsträgern wie folgt erhoben:

$x_1 = 1; x_2 = 3; x_3 = 4; x_4 = 2; x_5 = 0.$

Die statistische Maßzahl sei der Durchschnitt der Merkmalswerte (arithmetisches Mittel).

$$\bar{x} := \frac{1}{n} \sum_{i=1}^{n} x_i$$

Wir untersuchen zunächst, ob das Verhältnisskalenniveau des Merkmals zur Anwendung dieser Maßzahl ausreicht, d. h. es ist zu prüfen, ob die Bedingung (4.1) für alle homogenen, streng monoton wachsenden Lineartransformationen $g(x) = a \cdot x$ mit $a > 0 \in \mathbb{R}$ erfüllt ist.[1]

Es gilt:

$$g\,(\bar{x}(x_1, \ldots, x_n)) = a \cdot (\frac{1}{n} \sum_{i=1}^{n} x_i) = \frac{1}{n} \cdot a \cdot \sum_{i=1}^{n} x_i$$

$$= \frac{1}{n} \sum_{i=1}^{n} ax_i = \frac{1}{n} \sum_{i=1}^{n} g(x_i) = \bar{x}\,(g\,(x_1), \ldots, g(x_n))$$

Bezogen auf die Beispielsdaten:

$$g(\bar{x}\,(x_1, \ldots, x_5)) = a \cdot (\frac{1}{5}(1 + 3 + 4 + 2 + 0)) = 2a$$

$$\bar{x}\,(g\,(x_1), \ldots, g(x_5)) = \frac{1}{5}(1a + 3a + 4a + 2a + 0a) = 2a$$

Somit ist $\bar{x}$ ein höchstens Verhältnisskala erforderndes Maß. Wenn $\bar{x}$ auch für intervallskalierte Daten anwendbar sein soll, muß sich die Menge G der (4.1) genügenden Transformationen auf die Menge aller streng monoton wachsenden

---

[1]) Vgl. S. 14 f., Punkt a_{23}

Lineartransformationen ausdehnen lassen.[1]) Sei also g eine beliebige streng monoton wachsende Lineartransformation:

$g(x) = a + b \cdot x \qquad \text{mit } a, b \in \mathbb{R} \text{ und } b > 0.$

Dann gilt:

$$g(\bar{x}(x_1, \ldots, x_n)) = a + b \cdot (\frac{1}{n} \sum_{i=1}^{n} x_i) = \frac{1}{n}(n \cdot a + b \sum_{i=1}^{n} x_i)$$

$$= \frac{1}{n}(\sum_{i=1}^{n} a + \sum_{i=1}^{n} bx_i)$$

$$= \frac{1}{n}(\sum_{i=1}^{n} (a + b \cdot x_i)) = \frac{1}{n} \sum_{i=1}^{n} g(x_i) = \bar{x}(g(x_1), \ldots, g(x_n))$$

Bezogen auf die Beispielsdaten:

$$g(\bar{x}(x_1, \ldots, x_5) = a + b \cdot (\frac{1}{5}(1 + 3 + 4 + 2 + 0)) = a + 2b$$

$$\bar{x}(g(x_1), \ldots, g(x_n))$$
$$= \frac{1}{5} \cdot ((a + b) + (a + 3b) + (a + 4b) + (a + 2b) + (a))$$
$$= \frac{1}{5} \cdot (5a + 10b) = a + 2b$$

Damit genügen auch intervallskalierte Merkmale der Skalenanforderung von $\bar{x}$. Überdies läßt sich die Menge G nicht auf alle streng monoton wachsenden Transformationen erweitern, so daß $\bar{x}$ nicht auf ordinalskalierte Daten angewendet werden darf. Denn bspw. die Funktion $g(x) = x^2$, $x \geqslant 0$ ist ein Vertreter dieser erweiterten Menge, für die die Bedingung (4.1) verletzt ist:

$$g(\bar{x}(x_1, \ldots, x_n)) = (\frac{1}{n} \sum_{i=1}^{n} x_i)^2$$

$$\bar{x}(g(x_1), \ldots, g(x_n)) = \frac{1}{n} \sum_{i=1}^{n} x_i^2$$

---

[1]) Vgl. S. 14, Punkt a_{22}

Bezogen auf die Beispielsdaten:

$$g(\bar{x}(x_1, \ldots, x_5)) = (\frac{1}{5}(1 + 3 + 4 + 2 + 0))^2 = 4.$$

$$\bar{x}(g(x_1), \ldots, g(x_5)) = \frac{1}{5}(1^2 + 3^2 + 4^2 + 2^2 + 0^2) = 6$$

Nicht alle streng monoton wachsenden Transformationen genügen also dem Kriterium (4.1). Daher ist die Skalenforderung von $\bar{x}\ (:= \frac{1}{n} \sum_{i=1}^{n} x_i)$ endgültig auf Intervallskalenniveau festgeschrieben.

Prinzipiell gilt, je höher die Skalenanforderung einer Maßzahl, desto größer deren Aussagekraft.

1.2 Der Modus

Die geringsten Anforderungen an das Skalenniveau, nämlich Nominalskalenniveau (vgl. Aufgabe 4.1), stellt der *Modalwert* $\bar{x}$, auch genannt *Modus* oder *Häufigster Wert*. Je nachdem ob diskretes oder in Klassen gruppiertes stetiges Material vorliegt, ermittelt er sich aus der Häufigkeitstabelle als die Merkmalsausprägung a_j mit der größten relativen Häufigkeit n_j/n bzw. die Klassenmitte a_j jener Klasse K_j mit der größten Häufigkeitsdichte $n_j/(n \cdot \Delta_j)$.

Ermittlung des Modus aus der Häufigkeitstabelle:

(4.2) $\bar{x} = a_{j*}$ (diskretes Merkmal)

a_{j*} ist die Merkmalsausprägung mit der maximalen relativen Häufigkeit.

(4.3) $\bar{x} = \frac{1}{2} \cdot (a^o_{j*} + a^u_{j*})$ (stetiges Merkmal)

a^o_{j*} und a^u_{j*} sind die Klassengrenzen der Klasse K_{j*} mit der maximalen Häufigkeitsdichte.

Beispiel 4.2: Der Modus bei diskretem Merkmal

Die 1000 Schüler eines Gymnasiums werden nach ihrer sozialen Herkunft befragt [Arbeiterhaushalt (1); Angestelltenhaushalt (2); Beamtenhaushalt (3); Selbständigenhaushalt (4)]:

Herkunft	a_j	n_j	n_j/n
Arbeiterhaushalt	1	250	0,25
Angestelltenhaushalt	2	400	0,40
Beamtenhaushalt	3	200	0,20
Selbständigenhaushalt	4	150	0,15
	Σ	1000	1

Der häufigste Wert und damit Modalwert ist $\bar{x} = 2$, da die meisten Schüler aus Angestelltenfamilien stammen.

Beispiel 4.3: Der Modus bei stetigem Merkmal

In einer Reifenfabrik wird die Laufleistung (in Tausend Kilometern) von 200 Reifen einer neuen Gürtelreifengeneration überprüft. Man erhielt folgendes Ergebnis:

Laufleistung K_j	Anzahl n_j	$\frac{n_j}{n}$	$\frac{z_j}{n}$	$\frac{n_j}{n \cdot \Delta_j}$
0 – 20	10	0,05	0,05	0,0025
20 – 40	30	0,15	0,20	0,0075
40 – 50	30	0,15	0,35	0,0150
50 – 60	60	0,30	0,65	0,0300
60 – 80	70	0,35	1,00	0,0175
Σ	200	1,00		

Der Modus ist die Klassenmitte der Klasse mit der größten Häufigkeitsdichte: $\bar{x} = 55$. Die am häufigsten zu erwartende Laufleistung beträgt also 55 000 km.

Vor- und Nachteile des Modalwertes resultieren in gleicher Weise aus der minimalen Skalenanforderung. Auf der einen Seite macht gerade dieser Aspekt ihn universell einsetzbar – er ist das einzige für nominalskaliertes Merkmal zulässige Lokalisationsmaß –, andererseits wertet er nur in geringfügiger Weise die Informationen aus, die von höher skalierten Merkmalen gegeben werden können – Rangordnungen, Abstände und Verhältnisse von Merkmalswerten bleiben uninterpretiert. Weitere Vorteile sind die leichte Ermittelbarkeit dieser Maßzahl – sie kann ohne weitere Berechnung der Häufigkeitstabelle entnommen werden – und die Annahme einer tatsächlich realisierten Merkmalsausprägung durch diese Maßzahl. Zusammengenommen favorisieren diese Gesichtspunkte den Modus in seinem Anwendungsspektrum für nominalskalierte Merkmale und für Grobschätzungen des Lageparameters bei höher skalierten Merkmalen.

1.3 Der Median

Der *Median*, man nennt ihn bisweilen auch *Zentralwert* oder *50-Prozentpunkt*, scheidet die Merkmalswerte ($x_1, \ldots, x_n$) in zwei Hälften. Ihm wird ein Merkmalswert zugewiesen, der gewährleistet, daß mindestens 50 % der Merkmalsträger einen Beobachtungswert kleiner oder gleich und mindestens 50 % einen größer oder gleich diesem aufweisen. Das verlangt natürlich eine Rangfolge unter den Merkmalsausprägungen, so daß das Merkmal mindestens in ordinalskalierter Form vorliegen muß (vgl. auch Aufgabe 4.2).

Beispiel 4.4: Ermittlung des Medians aus der Urliste

Mehrere anerkannte Käsehersteller laden zu einem großen Camembert-Geschmackstest in ein Exklusiv-Restaurant. Der wohlschmeckendste Käse soll prämiert werden. Die Käsetester vergeben für jeden getesteten Camembert Geschmacksnoten zwischen vorzüglich (5), hervorragend (4), sehr gut (3), mittel (2) und schlecht (1). Der im Schnitt aller Tester am besten abschneidende Käse soll ermittelt werden. Der Exquisit-Camembert von Milkraft erhielt von den 50 Käsetestern folgende Bewertung:

Bewertung a_j	Anz. Tester n_j	n_j/n	z_j/n
1	5	0,10	0,10
2	10	0,20	0,30
3	10	0,20	0,50
4	20	0,40	0,90
5	5	0,10	1,00
Σ	50	1,00	

Da der Abstand zwischen den zugeordneten Wertungsziffern offenbar nicht auch ein Maß für den jeweiligen Qualitätsunterschied ist – der Qualitätsabstand zwischen vorzüglich (5) und hervorragend (4) könnte subjektiv gesehen geringer sein als der zwischen mittel (2) und schlecht (1) –, dürfen die Abstände nicht in die Berechnung einer Gesamtbewertung eingehen. In einem derartigen Fall eignet sich die Berechnung des Medians $\bar{x}$. Dazu werden die x_i in aufsteigender Rangfolge nach der Größe ihrer Merkmalsausprägungen angeordnet *(Rangwertreihe)* und neu indiziert:

$$x_1 = 1, \ldots, x_5 = 1, x_6 = 2, \ldots, x_{15} = 2, x_{16} = 3, \ldots,$$
$$x_{25} = 3, x_{26} = 4, \ldots, x_{45} = 4, x_{46} = 5, \ldots, x_{50} = 5$$

Der Median ist dann das mittlere x_i, bzw. bei einer geraden Anzahl von Merkmalsträgern der Mittelpunkt zwischen den Merkmalsausprägungen der beiden mittleren x_i (hier: x_{25} und x_{26}) :

$$\bar{x} = \frac{1}{2}(x_{25} + x_{26}) = 3{,}5.$$

Damit liegt die durchschnittliche Bewertung zwischen hervorragend und sehr gut.

Festzuhalten bleibt: der Median ermittelt sich aus der Urliste als das mittlere x_i der Rangwertreihe der erhobenen Merkmalswerte. So ist gewährleistet, daß er die erhobenen Merkmalswerte in zwei Hälften teilt:

Ermittlung des Medians aus der Rangwertreihe:

$$(4.4) \quad \bar{x} = \begin{cases} \frac{1}{2}(x_{n/2} + x_{(n+2)/2}) & \text{für n gerade} \\ x_{(n+1)/2} & \text{für n ungerade} \end{cases}$$

x_i sind die neu indizierten Merkmalswerte aus der Rangwertreihe.

Damit ist der Verteilungsfunktionswert für den Median $F(\bar{x}) = 0{,}5$ (vgl. Abb. 24).

Abbildung 24: Verteilungsfunktion zum Käsebeispiel 4.4

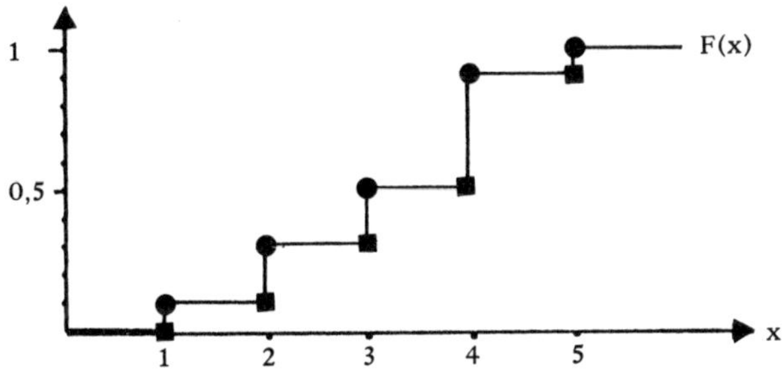

Der Median entspricht bei Ermittlung aus einer diskreten Häufigkeitstabelle genau dem a_{j*}, für das die kumulierte relative Häufigkeit z_{j*}/n die 50 %-Marke erstmals überschreitet. Wird wie im Käsebeispiel 4.4 der 50 %-Punkt genau für ein a_{j*} erreicht, dann erreichen auch alle a zwischen a_{j*} und a_{j*+1} diesen Wert (vgl. Abb. 24), so daß die Mitte zwischen a_{j*} und a_{j*+1} als Median zu bestimmen ist.

Ermittlung des Medians aus der Häufigkeitstabelle für diskretes Merkmal:

$$(4.5) \quad \bar{x} = \begin{cases} a_{j*} & \text{für } F(a_{j*}) > 0{,}5 \\ \frac{1}{2}(a_{j*} + a_{j*+1}) & \text{für } F(a_{j*}) = 0{,}5 \end{cases}$$

a_{j*} ist die Merkmalsausprägung, für die die kumulierte relative Häufigkeit erstmals größer oder gleich 0,5 ist.

Liegt der Erhebung klassiertes oder stetiges Merkmal zugrunde, so ist die Verteilungsfunktion im relevanten Bereich (zwischen den tabellierten Merkmalswerten a_1^u und a_m^o) injektiv, d. h. zu verschiedenen Argumenten x gehören verschiedene Funktionswerte F(x). Es existiert somit genau ein x, für das F(x) = 0,5 ist. Der Median ist also über dem 50-Prozentpunkt der Verteilungsfunktion eindeutig determiniert.

Ermittlung des Medians aus der Häufigkeitstabelle für stetiges Merkmal:

(4.6) $$\bar{x} = a^u_{j^*} + (0{,}5 - \frac{z_{j^*-1}}{n}) / \frac{n_{j^*}}{n \cdot \Delta_{j^*}}$$

$a^u_{j^*}$ ist die Untergrenze jener Klasse K_{j^*}, in der F(x) den Wert 0,5 erreicht.

Beispiel 4.5: Der Median für stetiges Merkmal

Zu den Daten des Reifenbeispiels 4.3 errechnet sich der Median mit Hilfe der p-Prozentpunktformel (3.13) wie folgt:

$$\bar{x} = 50 + (0{,}5 - 0{,}35)/0{,}03 = 55$$

Die zu erwartende mittlere Laufleistung (die Laufleistung, die von 50 % der Reifen über- und unterschritten wird) beträgt 55 000 km.

Die Vorteile des Medians gegenüber dem Modus liegen darin, setzt man ordinalskaliertes Merkmal voraus, daß dieser Mittelwert die zentrale Tendenz der Merkmalswerte, insbesondere wenn überwiegend gleich stark besetzte Klassen vorliegen, besser widerspiegelt. Während der Modus je nach Art der Klassenbildung starken Schwankungen ausgesetzt sein kann, ist die Lage des Zentralwertes davon relativ unabhängig. Seine Lage ist stabil (vgl. Beispiel 4.6). Hinzu kommt, daß der Median die Information über die Rangfolge der Merkmalswerte ausnutzt. Insgesamt ist die Qualität der Aussage des Zentralwertes über die Tendenz der Merkmalswerte als durchweg zuverlässiger als die des Modalwertes einzustufen, so daß diesem bei höher skaliertem Merkmal zumeist der Vorzug zu geben ist.

Beispiel 4.6: Median und Modus bei annähernd gleich besetzten Klassen

In der Ausgangssituation wurde eine enge Klassenbreite gewählt. Der Modalwert vermag kaum die zentrale Tendenz der Merkmalswerte zu reflektieren (Abb. 25).

Abbildung 25

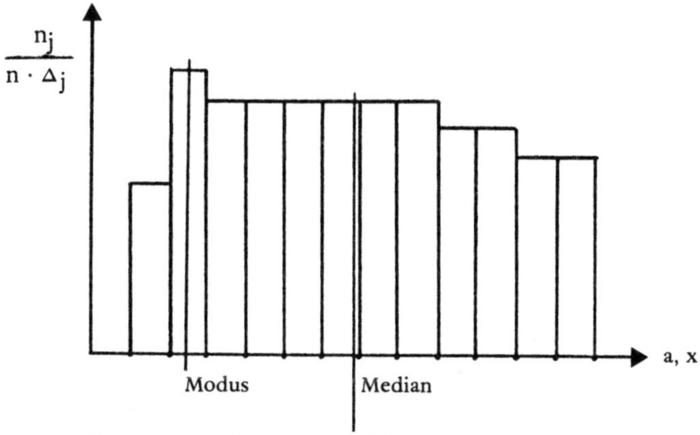

Erst wenn eine andere Klassenbreite gewählt wird (hier: die vierfache), ist die Interpretation des Modalwertes als Mittelwert plausibel. Der Median hingegen ist relativ invariant bezüglich verschiedener Klassenbildungen, er läßt sich in jeder Situation gut als Mittelwert interpretieren (Abb. 26).

Abbildung 26

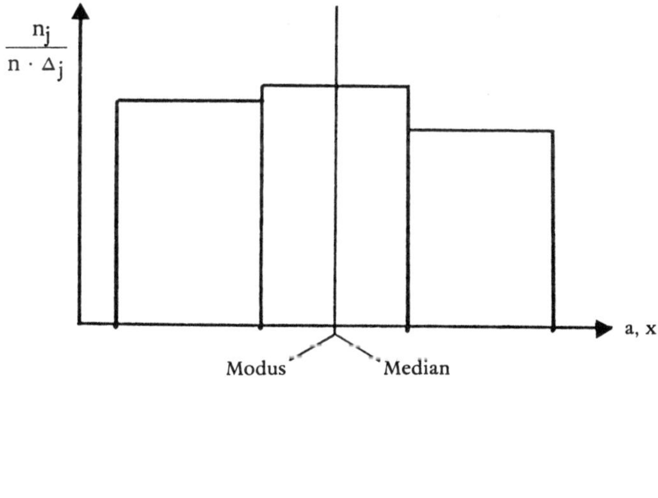

1.4 *Das arithmetische Mittel*

1.4.1 *Die Anwendung des arithmetischen Mittels*

Der wohl gebräuchlichste Mittelwert ist das *arithmetische Mittel.* Die Anwendungshäufigkeit dieses Lageparameters erklärt sich im wesentlichen aus zwei Umständen. Zum einen genügen in der Praxis die meisten Merkmale dem Intervallskalierungsanspruch[1]) des arithmetischen Mittels[2]), zum anderen ist es unter den bisher besprochenen Lokalisationsmaßen jenes mit der höchsten Skalenanforderung und damit gleichzeitig das mit der eingehendsten Informationsauswertung. Es werden über den Median und Modus hinaus auch die Abstände der x_i voneinander mit in die Berechnung einbezogen. Hinzu kommt, daß die Ermittlung des arithmetischen Mittels sowohl auf der Basis der Rohdaten (Urliste) als auch anhand der Häufigkeitstabelle relativ unkompliziert und leicht durchzuführen ist. Eine Unterscheidung zwischen diskretem und stetigem Material ist gleichfalls nicht vonnöten.

Das arithmetische Mittel ist die durch den Umfang der statistischen Masse (n) dividierte Summe aller Merkmalswerte x_i.

Ermittlung des arithmetischen Mittels aus der Urliste:

$$(4.7) \quad \bar{x} = \frac{1}{n} \sum_{i=1}^{n} x_i$$

Beispiel 4.7: Ermittlung des arithmetischen Mittels aus der Urliste

Wir beziehen uns auf das Haushaltsmitgliederbeispiel 2.1.

$$\bar{x} = \frac{1}{10}(2+4+3+2+6+2+3+4+5+1) = 3{,}2$$

Im Durchschnitt zählt jeder Haushalt 3,2 Personen.

Stellen wir uns jetzt die x_i wieder in aufsteigender Reihe angeordnet vor[3]), so gibt es sicher einige unter ihnen, die dieselbe Ausprä-

---

[1]) Zur Skalenanforderung des arithmetischen Mittels vgl. Beispiel 4.1.
[2]) Anwendungsvoraussetzungen der physikalischen Dimension (vgl. S. 65 ff.).
[3]) Vgl. Rangwertreihe S. 56.

gung a_j aufweisen (diskreter Fall) bzw. in die gleiche Klasse K_j fallen und damit durch die Klassenmitte a_j repräsentiert werden (stetiger Fall):

$$\underbrace{x_1, x_2, x_3}_{=a_1}, \underbrace{x_4, x_5}_{=a_2}, \underbrace{x_6}_{=a_3}, \underbrace{x_7, \ldots\ldots}_{=a_4 \ldots}, \underbrace{x_{n-3}}_{=a_{m-1}}, \underbrace{x_{n-2}, x_{n-1}, x_n}_{=a_m}.$$

Die Häufigkeit der Merkmalswerte x_i entsprechend einer Ausprägung a_j bzw. in einer Klasse K_j bezeichnet man mit n_j[1]). Dann gilt für die – im diskreten Fall genaue, im stetigen Fall approximative[2]) – Ermittlung des arithmetischen Mittels, aus der Häufigkeitstabelle:

$$(4.8) \quad \bar{x} = \frac{1}{n}(\underbrace{x_1 + x_2 + x_3}+\underbrace{x_4 + x_5} + \ldots\ldots + \underbrace{x_{n-3}} + \underbrace{x_{n-2} + x_{n-1} + x_n})$$
$$= \frac{1}{n}(n_1 \cdot a_1 + n_2 \cdot a_2 + \ldots + n_{m-1}a_{m-1} + n_m a_m)$$

Es folgt:

> Ermittlung des arithmetischen Mittels aus der Häufigkeitstabelle:
>
> $$(4.9) \quad \bar{x} = \frac{1}{n}\sum_{j=1}^{m} n_j a_j$$

Beispiel 4.8: Ermittlung des arithmetischen Mittels aus der Häufigkeitstabelle

Das Finanzamt des Kreises A publiziert hervorgehend aus der Einkommens- und Lohnsteuerstatistik die jährliche Einkommensverteilung bei den Erwerbstätigen:

---

[1]) Vgl. S. 23 f.

[2]) Da nach der Klassenbildung die x_i durch die Klassenmitte repräsentiert werden, ist eine exakte Ermittlung nicht mehr möglich.

Einkommensklasse K_j [Tsd. DM]	Anzahl Erwerbstätige n_j
0 – 10	5 000
10 – 30	35 000
30 – 40	25 000
40 – 60	20 000
60 – 80	10 000
80 – 120	5 000

Das arithmetische Mittel ist:

$$\bar{x} = \frac{1}{100\,000} \cdot (5 \cdot 5\,000 + 20 \cdot 35\,000 + \ldots + 70 \cdot 10\,000 + 100 \cdot 5\,000)$$
$$= 38$$

Das durchschnittliche Einkommen ist 38 000 DM.

Wie bereits angesprochen, wertet das arithmetische Mittel auch die Abstände zwischen den beobachteten x_i aus. Für den Median ist es unerheblich, wie sich die Werte links oder rechts von ihm ballen und verstreuen. Es entscheidet allein die Tatsache, daß links und rechts von ihm 50 % der Beobachtungswerte liegen. Das arithmetische Mittel hingegen verlagert sich bei schiefen Verteilungen stets in die Richtung, in die sich die Merkmalswerte zerstreuen. Es liegt rechts des Medians, wenn eine *rechtsschiefe Verteilung* – die Beobachtungswerte ballen sich links des Medians und zerstreuen sich nach rechts – vorliegt, links, wenn eine linksschiefe Verteilung vorliegt. Gleichheit beider Maßzahlen herrscht nur bei symmetrischen Verteilungen. Insbesondere bei schiefen Verteilungen ist also das arithmetische Mittel im allgemeinen der geeignetere Mittelwert.

Abbildung 27:
Median und arithmetisches Mittel bei einer rechtsschiefen Verteilung

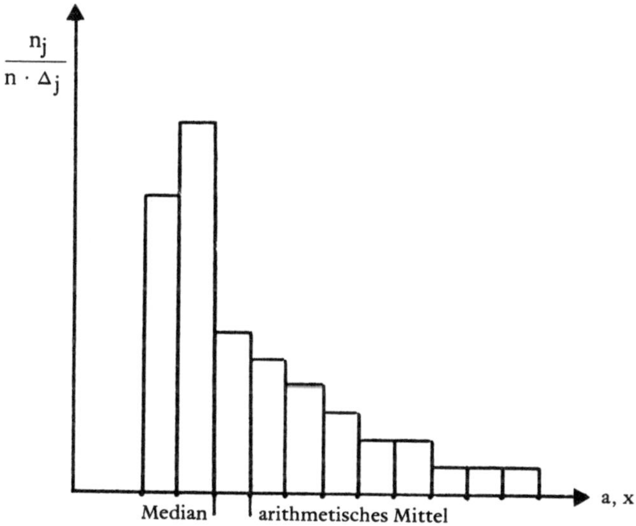

1.4.2 *Der Additionssatz für Mittelwerte*

Gerade im Bereich der öffentlichen Statistik ist es häufig von Bedeutung, die Ergebnisse kleiner regionaler Einheiten zur Berechnung statistischer Kennziffern in größeren Aggregaten verwenden zu können. Beispielsweise wird ausgehend von den Durchschnittseinkommen in den Kreisen durch das statistische Amt beim Regierungspräsidenten das Durchschnittseinkommen für den Regierungsbezirk berechnet. Mit Hilfe das *Additionssatzes für Mittelwerte* ist es möglich, bei Kenntnis der arithmetischen Mittel und der Anzahl der Merkmalsträger in den Teilgesamtheiten das arithmetische Mittel der Gesamtheit zu berechnen.

Zur Unterscheidung der Teilgesamtheiten wird eine neue Symbolik eingeführt:

n_k : Anzahl der Merkmalsträger in der k-ten Teilgesamtheit ($k=1, 2, \ldots, q$)

n_G : Anzahl der Merkmalsträger in der Gesamtheit ($n_G = \sum_{k=1}^{q} n_k$)

x_{ki} : der i-te Merkmalswert in der k-ten Teilgesamtheit ($i=1, 2, \ldots, n_k$)

$\bar{x}_k$: das arithmetische Mittel in der k-ten Teilgesamtheit

$\bar{x}_G$: das arithmetische Mittel der Gesamtheit.

Nach (4.7) gilt für das arithmetische Mittel der Gesamtheit:

$$(4.10) \quad \bar{x}_G = \frac{1}{n_G} \cdot \sum_{k=1}^{q} \sum_{i=1}^{n_k} x_{ki}$$

$$= \frac{1}{n_G} \cdot \sum_{k=1}^{q} n_k \cdot \frac{1}{n_k} \sum_{i=1}^{n_k} x_{ki}$$

Da sich das Mittel der k-ten Teilgesamtheit wie folgt darstellen muß [vgl. (4.7)]:

$$(4.11) \quad \bar{x}_k = \frac{1}{n_k} \sum_{i=1}^{n_k} x_{ki} \ ,$$

gilt für das arithmetische Mittel der Gesamtheit:

Additionssatz für Mittelwerte:

$$(4.12) \quad \bar{x}_G = \frac{1}{n_G} \cdot \sum_{k=1}^{q} n_k \cdot \bar{x}_k$$

Das arithmetische Mittel der Gesamtheit $\bar{x}_G$ ist also der mit den n_k aus den Teilgesamtheiten gewichtete Durchschnitt der Mittelwerte $\bar{x}_k$.

Beispiel 4.9: Additionssatz für Mittelwerte

Die 7 Landkreise eines Regierungsbezirkes melden dem Regierungspräsidenten die Durchschnittseinkommen in ihren Kreisen:

---

[1]) Die Doppelsumme erklärt sich daraus, daß über alle x_{ki} und damit auch über alle Teilgesamtheiten ($k=1, \ldots, q$) summiert werden muß.

Kreise k	Durchschnittseinkommen $\bar{x}_k$ [Tsd. DM]	Erwerbstätige n_k
1	38	100 000
2	40	50 000
3	35	120 000
4	42	140 000
5	33	60 000
6	35	70 000
7	40	80 000

Die Berechnung des Gesamtdurchschnittseinkommens ergibt:

$$n_G = \sum_{k=1}^{7} n_k$$

$$= 100\,000 + 50\,000 + 120\,000 + 140\,000 + 60\,000 + 70\,000 + 80\,000 = 620\,000$$

$$\bar{x}_G = \frac{1}{n_G} \sum_{k=1}^{7} n_k \bar{x}_k$$

$$= \frac{1}{620\,000} (100\,000 \cdot 38 + 50\,000 \cdot 40 + \ldots + 70\,000 \cdot 35 + 80\,000 \cdot 40)$$

$$= 37{,}919$$

Das Durchschnittseinkommen im Regierungsbezirk beträgt 37 919 DM.

1.5 Das harmonische Mittel

Bisher hatten die untersuchten Merkmalsausprägungen in den Beispielen keine oder eine einfache physikalische Dimension ([1], [km], [kg], [DM] , . . .), die absoluten Häufigkeiten n_j keine Dimension ([1]). Eine kompliziertere Dimension liegt vor, wenn diese bspw. der Quotient mehrerer physikalischer Maßeinheiten ist ([1/h]. [km/h], [DM/kg] , . . .). Jede einfache Dimension läßt sich auch als Quotient und damit kompliziertere Dimension auffassen, wenn man diese durch die leere Dimension [1] dividiert ([km/1], [kg/1], [DM/1], . . .). In den bisher untersuchten Fragestellungen stimmten die Dimension [1] der absoluten Häufigkeit n_j mit dem Nenner der Dimension des Merkmalswertes (bspw. Laufleistung der Reifen [km/1]) überein. In derartigen Situationen ist die Anwendung des arithmetischen Mittels am geeignetsten, sofern ausreichendes Skalenniveau vorliegt.

Liegt diese Gleichartigkeit der Dimensionierung von absoluter Häufigkeit und Merkmal nicht vor, sondern gilt im Gegenteil, daß die Dimension der absoluten Häufigkeit dem Zähler der Dimension des Merkmalswertes entspricht, dann ist das *harmonische Mittel* $\overline{x}$ aussagekräftiger.

Ermittlung des harmonischen Mittels aus der Urliste:

$$(4.13)\quad \overline{x} = \frac{1}{\frac{1}{n}\sum_{i=1}^{n}\frac{1}{x_i}}$$

Beispiel 4.10: Anwendung des harmonischen Mittels

a) Ein Pkw bewegt sich 1 Stunde mit 80 km/h, eine zweite mit 120 km/h vorwärts. Berechnen Sie die Durchschnittsgeschwindigkeit.
Das Merkmal X ist die Geschwindigkeit mit der Dimension [km/h] und den Ausprägungen: $a_1 = 80$ km/h, $a_2 = 120$ km/h. Die Anzahl der Merkmalsträger ist n = 2h, die absolute Häufigkeiten: $n_1 = 1$h, $n_2 = 1$h. Nennerdimension von X und Dimension der n_j stimmen überein. Zur Berechnung der Durchschnittsgeschwindigkeit ist das arithmetische Mittel anzuwenden.

b) Ein Pkw bewegt sich 80 km mit 80 km/h, weitere 120 km mit 120 km/h vorwärts. Berechnen Sie die Durchschnittsgeschwindigkeit.
Jetzt ist die Anzahl der Merkmalsträger n = 200 km, die absoluten Häufigkeiten: $n_1 = 80$ km, $n_2 = 120$ km. Die Zählerdimension von X stimmt mit der Dimension der n_j überein, das harmonische Mittel ist zur Berechnung der Durchschnittsgeschwindigkeit heranzuziehen.

Meistens liegen die x_i nicht in Urlistenform vor – das wäre der Fall, wenn in Beispiel 4.10 b) die Kilometer von 1 bis 200 durchnumeriert und zu jedem Kilometer die Geschwindigkeit angegeben würde –, sondern unter Angabe von absoluten Häufigkeiten. Ähnlich wie bei der Ermittlung des arithmetischen Mittels aus der Häufigkeitstabelle (vgl. S. 61) sind dann auch bei der Berechnung des harmonischen

Mittels die Merkmalswerte – hier jedoch die reziproken $\frac{1}{a_j}$ – mit ihrer absoluten Häufigkeit n_j zu multiplizieren.

Ermittlung des harmonischen Mittels aus der Häufigkeitstabelle:

$$(4.14) \quad \bar{x} = \frac{1}{\frac{1}{n} \sum_{j=1}^{m} n_j \cdot \frac{1}{a_j}}$$

Eine Unterscheidung hinsichtlich diskretem oder stetigem Material ist nicht erforderlich.

Beispiel 4.11: Berechnung des harmonischen Mittels

Ein Speditionsunternehmen im Nahverkehr läßt seine Lastzüge jeweils an den gerade am Weg liegenden Tankstellen tanken. Um zu überprüfen, ob die Einrichtung einer Hoftankstelle sinnvoll ist, soll der durchschnittliche Benzinpreis, den das Unternehmen im letzten Jahr gezahlt hat, anhand der Benzinquittungen ermittelt werden. Diese Quittungen enthalten jedoch neben dem Geldbetrag nur den Literpreis des Benzins. Die Sekretärin legt folgende Zusammenstellung vor:

Preisklasse K_j [DM/l]	Geldbetrag n_j [DM]
0,90 – 1,10	30 000
1,10 – 1,30	36 000
1,30 – 1,50	42 000
Σ	108 000

Da der Zähler der Merkmalsdimension [DM/l] der Dimension der absoluten Häufigkeit [DM] entspricht, ist die Verwendung des harmonischen Mittels angezeigt. Es gilt:

$$\bar{x} = \frac{1}{\frac{1}{108\,000\,\text{DM}} \cdot \left(\frac{30\,000\,\text{DM}}{1{,}00\,\text{DM/l}} + \frac{36\,000\,\text{DM}}{1{,}20\,\text{DM/l}} + \frac{42\,000\,\text{DM}}{1{,}40\,\text{DM/l}}\right)}$$

$$= 1{,}20\,\frac{\text{DM}}{\text{l}}\,.$$

Die Berechnung mit Hilfe des arithmetischen Mittels ergibt:

$$\bar{x} = \frac{1}{108\,000 \text{ DM}} \cdot (30\,000 \text{ DM} \cdot 1{,}00 \frac{\text{DM}}{\text{l}}$$

$$+ \; 36\,000 \text{ DM} \cdot 1{,}20 \frac{\text{DM}}{\text{l}} + 42\,000 \text{ DM} \cdot 1{,}40 \frac{\text{DM}}{\text{l}})$$

$$= 1{,}22 \frac{\text{DM}}{\text{l}}.$$

Um klarzustellen, daß das harmonische Mittel in dem o. a. Beispiel anzuwenden ist, vollziehen wir folgende Überlegung nach. Ein Durchschnittspreis $\bar{p}$ errechnet sich prinzipiell dadurch, daß Mengen mit Preisen multipliziert werden, und die Summe dieser Ausgaben anschließend durch die Gesamtmenge dividiert wird.

Die Benzinverbrauchsmengen v_1, v_2, v_3 berechnen sich aus dem Quotienten des Geldbetrages und des Preises:

$$v_1 = \frac{30\,000 \text{ DM}}{1{,}00 \text{ DM/l}} = 30\,000 \text{ l} \qquad v_2 = \frac{36\,000 \text{ DM}}{1{,}20 \text{ DM/l}} = 30\,000 \text{ l}$$

$$v_3 = \frac{42\,000 \text{ DM}}{1{,}40 \text{ DM/l}} = 30\,000 \text{ l}.$$

Demnach ist der Durchschnittspreis $\bar{p}$:

$$\bar{p} = \frac{1}{90\,000 \text{ l}} \cdot (30\,000 \text{ l} \cdot 1{,}00 \frac{\text{DM}}{\text{l}} + 30\,000 \text{ l} \cdot 1{,}20 \frac{\text{DM}}{\text{l}}$$

$$+ \; 30\,000 \text{ l} \cdot 1{,}40 \frac{\text{DM}}{\text{l}}) = 1{,}20 \frac{\text{DM}}{\text{l}}.$$

Das Ergebnis entspricht dem harmonischen – bei Berechnung dieses Mittelwertes werden also die Preise mit den Mengen gewichtet –, nicht aber dem arithmetischen Mittel, weil bei dessen Berechnung die Preise mit den Ausgaben gewichtet werden und damit vernachlässigt wird, daß bei höheren Preisen das gleiche Budget nur geringere Verbrauchsmengen zuläßt. Genau das ist auch der Grund dafür, daß, multipliziert man den Gesamtverbrauch mit dem Mittelwert, beim arithmetischen Mittel keine Entsprechung zu den tatsächlichen Ausgaben gegeben ist. Für andere statistischen Fragestellungen, bei denen die Verwendung des harmonischen Mittels angezeigt ist, gilt dies im übertragenen Sinne.

Das harmonische Mittel – wir haben es bereits bei der Berechnung von $\overline{p}$ im Beispiel 4.11 gesehen – ist stets durch ein arithmetisches Mittel mit neuen Gewichten[1]) n_j^*/n^* darstellbar.

Sei $n_{j*} := \frac{n_j}{a_j}$ und $n^* := \sum_{j=1}^{m} n_{j*}$, dann gilt:

$$(4.15) \quad \overline{x} = \frac{n}{\sum_{j=1}^{m} n_j \cdot \frac{1}{a_j}} = \frac{\sum_{j=1}^{m} n_j}{\sum_{j=1}^{m} n_{j*}}$$

$$= \frac{1}{\sum_{j=1}^{m} n_{j*}} \cdot \sum_{j=1}^{m} n_{j*} a_j = \frac{1}{n^*} \cdot \sum_{j=1}^{m} n_{j*} a_j$$

Das harmonische Mittel ist damit ein mit neuen Häufigkeiten n_{j*}/n^* gewogenes arithmetisches Mittel.

1.6 *Das geometrische Mittel*

Die Anwendung des *geometrischen Mittels* beschränkt sich auf Wachstumsprozesse. Es dient der Berechnung eines durchschnittlichen Wachtumsfaktors, aus dem sich dann die durchschnittliche Wachstumsrate ermitteln läßt.

Beispiel 4.12: Anwendung des geometrischen Mittels

Für das reale Bruttosozialprodukt zu Marktpreisen der Bundesrepublik Deutschland in Preisen von 1970 und seine Wachstumsraten liegen Fünfjahresdaten von 1950 bis 1980 vor:

[1]) Bisher waren die Gewichte die relativen Häufigkeiten: $\frac{n_j}{n} = \frac{n_j}{\sum_{j=1}^{m} n_j}$

Jahr	Bruttosozialprodukt [Mrd. DM]	Wachstumsrate des BSP
1950	143,6	
1955	224,9	0,566
1960	429,5	0,910
1965	545,0	0,269
1970	679,0	0,246
1975	752,3	0,108
1980	897,5	0,193

Es soll die durchschnittliche jährliche Wachstumsrate berechnet werden.

Liegt eine Reihe von n+1 bspw. zeitlichen Beobachtungswerten y_i (i=0, 1, . . ., n) – im Beispiel 4.12 die Sozialproduktsdaten – vor, und sind diese *äquidistant*, d. h. daß die Zeitintervalle zwischen den einzelnen Beobachtungswerten gleich groß sind – im Beispiel 4.12 Fünfjahresabstand –, dann lassen sich aus den Merkmalswerten – vorausgesetzt sie weisen Verhältnisskalenniveau auf – *Wachstumsfaktoren* berechnen. Ein Wachstumsfaktor x_i ist der Quotient aus zwei zeitlich benachbarten Merkmalswerten:

$$(4.16)\quad x_i := \frac{y_i}{y_{i-1}} \qquad (i = 1, \ldots, n)$$

Die Anzahl der Wachstumsfaktoren ist natürlich n, wenn (n+1) die Anzahl der Beobachtungswerte y_i ist. Aus den Wachstumsfaktoren lassen sich die *Wachstumsraten* w_i bilden, indem vom Wachstumsfaktor 1 subtrahiert wird.

$$(4.17)\quad w_i := x_i - 1$$

Die Wachstumsrate w_i beschreibt den Anteil (Prozentsatz), um den das Merkmal Y von Zeitpunkt bzw. Periode (i–1) zu i gewachsen ist. Die Wachstumsraten des realen Sozialproduktes sind in der Spalte 3 des Beispiels 4.12 enthalten.

Liegen nur diese Wachstumsraten vor, dann sind zur Berechnung der fünfjährigen Durchschnittsrate folgende Arbeitsschritte zu vollziehen:

Ermittlung des geometrischen Mittels aus vorliegenden Wachstumsraten:

1. Berechnung der Wachstumsfaktoren aus den Wachstumsraten

(4.18) $x_i = w_i + 1$

2. Bestimmung des geometrischen Mittels der Wachstumsfaktoren $\overline{x}$

(4.19) $\overline{x} = \sqrt[n]{x_1 \cdot x_2 \cdot \ldots \cdot x_n}$

Man beachte, daß die Bestimmung des durchschnittlichen Wachstumsfaktors nicht über eine Addition der x_i und der anschließenden Division durch n erfolgt[1]), sondern auf der nächsthöheren Rechenhierarchieebene durch eine Multiplikation der x_i und das anschließende Ziehen der n-ten Wurzel durchgeführt wird. Diese Art der Mittelwertbestimmung gewährleistet, daß die n-fache Anwendung des durchschnittlichen Wachstumsfaktors auf y_0, den ersten Merkmalswert der Merkmalsreihe Y, zur genauen Berechnung des letzten y_n führt, ebenso wie es geschieht, wenn y_0 nacheinander mit den unterschiedlichen Wachstumsfaktoren der einzelnen Zeitintervalle x_i multipliziert wird:

(4.20) $y_o \cdot (\overline{x})^n = y_n = y_o \cdot \prod_{i=1}^{n} x_i$ [2])

Vom arithmetischen Mittel wird das nicht sichergestellt.

Ermittlung der zugehörigen Wachstumsrate:

3. Bestimmung der durchschnittlichen Wachstumsrate

(4.21) $\overline{w} = \overline{x} - 1$

Die durchschnittliche Wachstumsrate bestimmt sich wieder dadurch, daß vom Wachstumsfaktor 1 subtrahiert wird.

---

[1]) Vgl. Bestimmung des arithmetischen Mittels, S. 60.

[2]) Das Zeichen π wird als Produktzeichen bezeichnet. Im obigen Fall bedeutet es, daß das Produkt über alle x_i von i=1 bis n zu bilden ist:

$$\prod_{i=1}^{n} x_i = x_1 \cdot x_2 \cdot \ldots \cdot x_n$$

4. Ist das Ziel die Bestimmung einer jährlichen Wachstumsrate, jedoch der zeitliche Unterschied der Wachstumsfaktoren $\Delta t = q$ ($q \in \mathbb{Q}$) – Beispiel 4.12 $\Delta t = 5$ – ungleich 1, dann bestimmt sich der jährliche Wachstumsfaktor $\bar{x}_1$ aus:

(4.22) $$\bar{x}_1 = \sqrt[q]{\bar{x}} = \sqrt[q \cdot n]{x_1 \cdot x_2 \cdot \ldots \cdot x_n}$$

Die jährliche Wachstumsrate $\bar{w}_1$ ist dann:

(4.23) $$\bar{w}_1 = \bar{x}_1 - 1$$

Beispiel 4.13: Berechnung der jährlichen Wachstumsrate des Bruttosozialproduktes

Wir beziehen uns auf das Beispiel 4.12.

1. Die Wachstumsfaktoren ergeben sich, wenn man zu jeder Wachstumsrate der 3. Spalte der Tabelle die Zahl 1 hinzuaddiert.
2. Das geometrische Mittel der Wachstumsfaktoren ist:

$$\begin{aligned}\bar{x} &= \sqrt[6]{1{,}566 \cdot 1{,}910 \cdot 1{,}269 \cdot 1{,}246 \cdot 1{,}108 \cdot 1{,}193}\\ &= 1{,}3573\end{aligned}$$

3. Die durchschnittliche Wachstumsrate ist:

$$\bar{w} = 1{,}3573 - 1 = 0{,}3573$$

Im Schnitt ist das Sozialprodukt alle 5 Jahre um 35,73 % gewachsen.

4. Die jährliche Wachstumsrate ist:

$$\begin{aligned}\bar{w}_1 &= \bar{x}_1 - 1 = \sqrt[5]{\bar{x}} - 1\\ &= \sqrt[5]{1{,}3573} - 1 = 0{,}063\end{aligned}$$

Im Durchschnitt der Jahre ist das Sozialprodukt real um 6,3 % per annum gewachsen.

Da uns nicht nur die Wachstumsraten des Sozialproduktes, sondern auch die absoluten Zahlen vorliegen, hätte die durchschnittliche jährliche Wachstumsrate auch anders bestimmt werden können.

Allgemein gilt:

$$\bar{x}_1 = \sqrt[q \cdot n]{x_1 \cdot x_2 \cdot \ldots \cdot x_n}$$

$$= \sqrt[q \cdot n]{\frac{y_1}{y_o} \cdot \frac{y_2}{y_1} \cdot \ldots \cdot \frac{y_n}{y_{n-1}}}$$

So ausgedrückt läßt sich jeweils der Zähler des vorhergehenden gegen den Nenner des nachfolgenden Wachstumsfaktors kürzen, so daß gilt:

$$\bar{x}_1 = \sqrt[q \cdot n]{\frac{y_n}{y_o}}$$

$$= \sqrt[5 \cdot 6]{\frac{897{,}5}{143{,}6}} = 1{,}063$$

Damit beträgt auch nach dieser Rechnung die jährliche Wachstumsrate 6,3 %.

Wir haben bei der Berechnung des geometrischen Mittels nicht danach unterschieden, ob diskretes oder stetiges Merkmal vorliegt. Meist liegen für Wachstumsfaktoren nur geringe Datenmengen vor – eine Reihe mit 30 Merkmalswerten darf bereits als lang bezeichnet werden –, so daß die Ermittlung des geometrischen Mittels direkt aus der nach chronologischen Gesichtspunkten geordneten Urliste erfolgen kann. In diesem Fall ist ähnlich wie beim arithmetischen Mittel eine Unterscheidung hinsichtlich diskretem oder stetigem Merkmal rechnerisch nicht erforderlich (vgl. S. 60).

1.7 *Die Auswahl des Mittelwertes*

In den vorhergehenden Teilabschnitten haben wir fünf Lageparameter kennengelernt. Nicht jede dieser Maßzahlen ist in allen denkbaren Fragestellungen gleichermaßen sinnvoll. Jeder einzelne unter ihnen hat seine speziellen Anwendungsvoraussetzungen und ist im Hinblick auf die zu analysierenden Probleme mehr oder weniger geeignet.

Global läßt sich jedoch sagen, daß Modus, Median und arithmetisches Mittel bei ausreichender Skalierung des Merkmals universell einsetzbar sind, d. h. daß diese Mittelwerte unabhängig von der besonderen Fragestellung des Einzelfalls stets einigermaßen brauchbare Ergebnisse liefern. Aufgrund des Umfanges der Informationsauswertung (vgl. S. 11 ff.) ist zumeist der Einsatz des Mittelwertes am zweckmäßigsten, dessen Skalenanforderung vom Merkmal gerade noch befriedigt wird.

Der Einsatz des harmonischen und geometrischen Mittels ist nur bei Erfüllung der Anwendungsvoraussetzungen (Erfüllung des Dimensionskriteriums bzw. Vorlage von Wachstumsfaktoren) opportun, liefert dann aber – dies wird schon aus dem Verhältnisskalenanspruch beider Maßzahlen deutlich – den brauchbarsten Mittelwert.

1.8 Zusammenfassung, Aufgaben

Zusammenfassung

● *Definition 4.1:* Ein **Mittelwert** ist eine mögliche Merkmalsausprägung a, um die sich die Beobachtungswerte ballen.

● *Definition 4.2:* Die **Skalenanforderung** eines Mittelwertes ist das Skalenniveau, das beim Merkmal mindestens vorausgesetzt werden muß.

Sei $\overline{x}$ eine Rechenvorschrift zur Bildung des Mittelwertes, $g: \mathbb{R} \to \mathbb{R}$ eine beliebige injektive, reellwertige Abbildung und

$$G := \{g : g(\overline{x}(x_1, \ldots, x_n)) = \overline{x}(g(\overline{x}_1), \ldots, g(x_n))\}$$

die Menge der Funktionen, die dem Skalenanforderungskriterium genügen. Dann gilt: Eine Skala genügt dem Skalenanspruch des Mittelwertes, wenn alle zulässigen Transformationen der Skala in G enthalten sind.

● *Definition 4.3:* Der **Modus** ist der häufigste Wert. Für diskretes Merkmal ist das jene Merkmalsausprägung a_{j*} mit der größten relativen Häufigkeit:

$$\overline{x} = a_{j*}$$

Für klassiertes Merkmal ist das die Mitte jener Klasse K_{j*} ($= [a^u_{j*}; a^o_{j*})$) mit der maximalen Häufigkeitsdichte:

$$\overline{x} = \frac{1}{2}(a^u_{j*} + a^o_{j*})$$

● *Definition 4.4:* Der **Median** $\bar{x}$ scheidet die Beobachtungsdaten x_i in mindestens 50 Prozent, die kleiner oder gleich $\bar{x}$, und mindestens 50 Prozent, die größer oder gleich $\bar{x}$ sind. Sind die x_i in aufsteigender Form in einer Rangwertreihe geordnet, so ist:

$$\bar{x} = \begin{cases} \frac{1}{2}\left(x_{n/2} + x_{(n+2)/2}\right) & \text{für n gerade} \\ x_{(n+1)/2} & \text{für n ungerade} \end{cases}$$

Liegt der Ermittlung des Medians eine diskrete Häufigkeitstabelle zugrunde, dann bestimmt er sich über die Merkmalsausprägung a_{j*}, für die die Verteilungsfunktion erstmals den Wert 0,5 erreicht oder überschreitet.

$$\bar{x} = \begin{cases} a_{j*} & \text{für} \quad F(a_{j*}) > 0{,}5 \\ \frac{1}{2}\left(a_{j*} + a_{j*+1}\right) & \text{für} \quad F(a_{j*}) = 0{,}5 \end{cases}$$

Bei klassiertem, in Häufigkeitstabellen erfaßtem, stetigem Material bestimmt sich der Median über die Klasse K_{j*}, in der die Verteilungsfunktion den Wert 0,5 erreicht:

$$\bar{x} = a^u_{j*} + \left(0{,}5 - \frac{z_{j*-1}}{n}\right) / \frac{n_{j*}}{n \cdot \Delta_{j*}}$$

● *Definition 4.5:* Das **arithmetische Mittel** $\bar{x}$ ist der rechnerische Durchschnitt der Merkmalswerte.

$$\bar{x} = \begin{cases} \frac{1}{n} \sum_{i=1}^{n} x_i & \text{für Urliste} \\ \cong^{1)} \ \frac{1}{n} \sum_{j=1}^{m} n_j a_j & \text{für Häufigkeitstabelle} \end{cases}$$

Satz 4.1: (Additionssatz für Mittelwerte)

Das gemeinsame arithmetische Mittel mehrerer Teilgesamtheiten x_l; berechnet sich aus:

---

[1]) "≅" bedeutet Gleichheit für diskretes Merkmal und approximative Gleichheit für klassiertes Merkmal (je enger die Klassen, desto genauer das Ergebnis).

$$\overline{x}_G = \frac{1}{n_G} \cdot \sum_{k=1}^{q} n_k \cdot \overline{x}_k$$

● *Definition 4.6:* Die Anwendung des **harmonischen Mittels** erfordert die Erfüllung des Dimensionskriteriums (vgl. Kap. 4.1.5). Aus der Urliste bestimmt es sich über:

$$\overline{x} = \begin{cases} \dfrac{1}{\dfrac{1}{n} \sum\limits_{i=1}^{n} \dfrac{1}{x_i}} & \text{für Urliste} \\[2em] \cong \dfrac{1}{\dfrac{1}{n} \sum\limits_{j=1}^{m} n_j \cdot \dfrac{1}{a_j}} & \text{für Häufigkeitstabelle} \end{cases}$$

● *Definition 4.7:* Die Anwendung des **geometrischen Mittels** setzt das Vorliegen der Merkmalswerte als Wachstumsfaktoren (vgl. S. 69 ff.) voraus.

$$\overline{x} = \sqrt[n]{x_1 \cdot x_2 \cdot \ldots \cdot x_n}$$

Aufgaben

4.1) Machen Sie plausibel, daß der Modus lediglich Nominalskalenniveau voraussetzt.

4.2*) Überprüfen Sie, ob der Median für nominalskaliertes Merkmal eingesetzt werden kann.

4.3) Der Umsatz der Investitionsgüterindustrie in der Bundesrepublik Deutschland betrug in den Jahren zwischen 1970 und 1980:

Abbildung 28: Mittelwert und Anwendungsspektrum

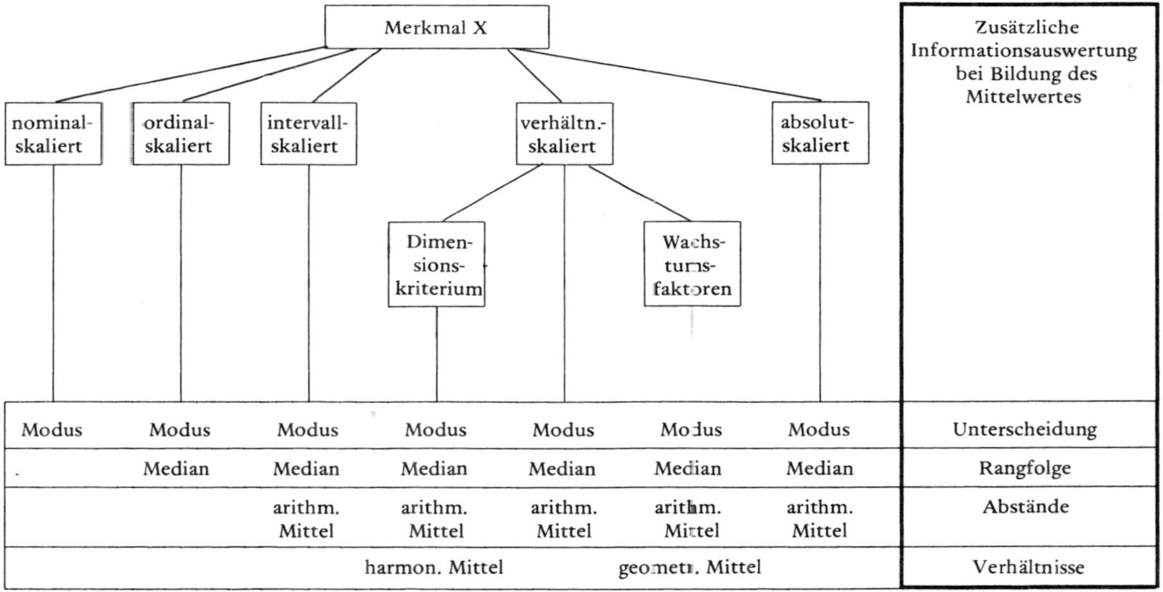

Jahr	Umsatz [Mrd. DM]
1970	226,97
1971	246,63
1972	260,48
1973	288,87
1974	307,67
1975	319,42
1976	361,25
1977	389,36
1978	409,70
1979	438,25
1980	470,80

Quelle: Statistisches Bundesamt

Berechnen Sie den Median und das arithmetische Mittel.

4.4) Die Industrie- und Handelskammer befragt 20 mittlere Unternehmen ihres Bezirks nach dem derzeitigen Auftragsbestand und ermittelt folgendes Ergebnis:

Auftragsbestand [Mio. DM]	Anzahl der Unternehmen
[0 ; 1)	3
[1 ; 2,5)	9
[2,5; 4,5)	7
[4,5; 7]	1

a) Bestimmen Sie den Modus, den Median und das arithmetische Mittel.

b) Zusätzlich wurden 5 Großunternehmen mit über 1 000 Beschäftigten befragt. Diese verzeichneten einen durchschnittlichen Auftragsbestand von 15 Mio. DM. Bestimmen Sie den Durchschnittsbestand an Aufträgen pro Unternehmen.

c) Wie hoch ist der Auftragsbestand pro Beschäftigten, wenn wir unterstellen, daß die mittleren Unternehmen im Schnitt 500, die Großunternehmen 2 000 Beschäftigte haben.

4.5) Die Bruttowertschöpfung in der Bundesrepublik Deutschland betrug:

Jahr	Bruttowertschöpfung [Mrd. DM]
1975	1006
1976	1090
1977	1166
1978	1248
1979	1349
1980	1436
1981	1496

Quelle: Statistisches Bundesamt

Bestimmen Sie die durchschnittliche jährliche Wachstumsrate.

4.6) Berechnen Sie die Durchschnittsgeschwindigkeiten zu den Teilaufgaben des Beispiels 4.10.

4.7) Eine Raffinerie bezieht ihr Rohöl direkt aus einer Pipeline. An einem Tag hat sie 777 600 l bei einer Durchflußgeschwindigkeit von 12 l/sec und 324 000 l bei 15 l/sec verbraucht.

a) Wie groß ist die mittlere Durchflußgeschwindigkeit an diesem Tage gewesen?

b) Wie lauten die Gewichte bei Berechnung mit Hilfe des gewogenen arithmetischen Mittels?

2 Streuungsmaße

Die Berechnung eines Mittelwertes reicht nicht aus, um eine Häufigkeitsverteilung ausreichend zu beschreiben. In der Regel wird die Größe des Mittelwertes unabhängig davon sein, ob alle Beobachtungswerte x_i sich in ihm oder seiner näheren Umgebung ballen, bzw. ob sie sich über ein breites Intervall um ihn herum verstreuen (vgl. Abb. 29). Damit sind dem Lageparameter keine Informationen über den Grad der Repräsentation von Merkmalswerten x_i durch ihn zu entnehmen.

Abbildung 29:
Lokalisationsmaße bei kleiner und großer Abweichung der Merkmalswerte

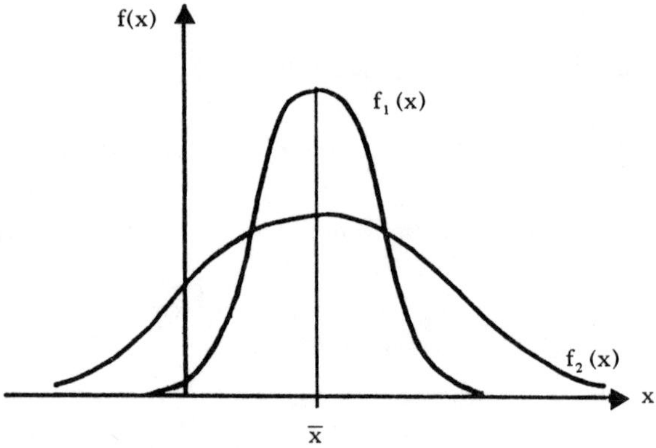

Streuungsmaße (s) quantifizieren diesen Repräsentationsgrad, d. h. sie machen mehr oder minder zuverlässige Angaben über die Abweichungen der Beobachtungswerte.

2.1 Die Skalenanforderung des Streuungsmaßes

Während die Mittelwerte einheitlich die physikalische Dimension der Merkmalswerte x_i aufweisen, existieren bei den Streuungsmaßen dimensionslose (Variationskoeffizient), einfach dimensionierte (Standardabweichung, Durchschnittsabweichung, Quartilsabstände, Spannweite) und sogar quadratisch dimensionierte (Streuung) Maßzahlen.

Daraus ergibt sich, daß unterschiedliche Streuungsmaße nicht – wie etwa die Mittelwerte – untereinander vergleichbar sind, sondern nur gleichartige zu verschiedenen Gesamtheiten. Weiterhin wirkt diese Unterschiedlichkeit der Dimension auch ein auf die Formulierung einer allgemeinen Bedingung für die Festlegung des Skalenanspruchs der Streuungsmaßzahlen, ähnlich wie es in Kapitel 4.1.1 (S. 50 ff.) geschehen ist. Zwar läßt sich eine allgemeine Bedingung[1]) formulieren, jedoch ist diese als Skalenanspruchskriterium nicht ohne weiteres plausibel zu machen. Demgegenüber steht, daß gerade bei den Streuungsmaßen das Skalenanspruchsniveau sehr leicht an der Berechnungsformel der jeweiligen Maßzahl abzulesen ist. Daher wird hier auf die Verwendung eines allgemeinen Skalenanspruchskriteriums verzichtet, und die Skalenanforderung der Maßzahlen von Fall zu Fall durch einfache Verbaldarstellungen verdeutlicht.

2.2 *Quantilsabstände*

Der Bildung von *Quantilsabständen* liegt die Idee zugrunde, die Länge eines Intervalls, in das ein vorgegebener Prozentsatz der Merkmalswerte fällt, durch die Bestimmung zweier symmetrisch um den Median herum gelegener Prozentpunkte zu ermitteln. Die errechnete Intervallbreite bezeichnet man als Quantilsabstand. Als Streuungsmaß sinnvoll ist diese Längenaussage allerdings nur dann, wenn eine metrische Skala – also mindestens Intervallskalenniveau – vorliegt.

---

[1]) s bezeichne ein Streuungsmaß, g eine beliebige Funktion der Menge G aller zu einem vorgegebenen Skalenniveau zulässigen Transformationen, q den Exponenten der Dimension der Maßzahl (q = 0 : s dimensionslos; q = 1 : Dimension s entspricht der Dimension der Merkmalswerte; q = 2 : Dimension s entspricht quadrierter Dimension der Merkmalswerte). Wenn:

$$\left(\frac{g(x_i)-g(x_j)}{x_i - x_j}\right)^q s(x_1, \ldots, x_n) = s(g(x_1), \ldots, g(x_n))$$

$\forall i, j \in \{1, \ldots, n\}; i \neq j$ für alle $g \in G$ erfüllt ist, hat s maximal das vorgegebene Skalenniveau als Skalenanspruch.

Da bei nominal- und ordinalskalierten Merkmalen auch nichtlineare Funktionen zulässige Transformationen g sind, und damit $\left(\frac{g(x_i) - g(x_j)}{x_i - x_j}\right)$ sich je nach Wahl der x_i und x_j ändert, läßt sich die o.a. Bedingung nur für q = 0 – also nur für dimensionslose Streuungsmaße – erfüllen.

2.2.1 *Die Spannweite*

Die wohl einfachste Form eines Quantilsabstandes ist die Suche nach einem Intervall, das 100 % der Merkmalswerte enthält. Zu bestimmen ist also der Abstand zwischen dem 0- und dem 100-Prozentpunkt der Verteilungsfunktion. Da dieser Abstand der Differenz zwischen dem größten und kleinsten Beobachtungswert x_i entspricht, bezeichnet man die Intervallänge auch als *Spannweite* der Merkmalswerte:

Ermittlung der Spannweite aus der Urliste:
(4.24) $s = \max_i (x_i) - \min_i (x_i)$

In Häufigkeitstabellen ermittelt sich die Spannweite aus dem Abstand zwischen der größtmöglichen von Merkmalswerten besetzten Merkmalsausprägung a_m und der kleinstmöglichen a_1 (diskretes Merkmal) bzw. aus dem Abstand der Obergrenze der größten besetzten Klasse a_m^o und der Untergrenze der kleinsten besetzten Klasse a_1^u (stetiges Merkmal).

Ermittlung der Spannweite aus der Häufigkeitstabelle:	
(4.25) $s = a_m - a_1$	(diskretes Merkmal)
(4.26) $s = a_m^o - a_1^u$	(stetiges Merkmal)

Beispiel 4.14: Anwendung der Spannweite

Ein Getränkevertrieb füllt Limonadenflaschen (Norminhalt 0,2 l) ab. Laufende Kontrollmessungen der Flascheninhalte erbrachten folgende Tabelle:

Inhalt [l] $a_j^u - a_j^o$	Anzahl Flaschen n_j	relative Häufigkeit n_j/n	kumul. rel. Häufigkeit z_j/n
0,17–0,18	100	0,1	0,1
0,18–0,19	300	0,3	0,4
0,19–0,21	300	0,3	0,7
0,21–0,22	200	0,2	0,9
0,22–0,23	100	0,1	1,0
Σ	1 000	1,0	

Da der Norminhalt der einzelnen Flaschen nach Möglichkeit eingehalten werden soll, ist es für die Betriebsführung sinnvoll, laufend die Spannweite der Abfüllungen zu ermitteln, um gegebenenfalls korrigierend in den Produktionsprozeß einzugreifen.

Die Spannweite beträgt hier 0,06 l:

$$s = a_5^o - a_1^u = 0{,}23 - 0{,}17 = 0{,}06.$$

Im allgemeinen läßt sich feststellen, daß die Spannweite ein zwar sehr einfach zu ermittelndes Streuungsmaß ist, jedoch die Größe dieser Spannweite teils von Zufälligkeiten beeinflußt wird. Nur zwei Extremwerte bestimmen die Spannweite. Insbesondere sog. „Ausreißer" – bspw. eine fast leere Flasche – beeinflussen sehr stark die Größe der Spannweite. Auch läßt sich feststellen, daß die Spannweite mit wachsendem n systematisch ansteigt. Würde im o. a. Beispiel der Inhalt weiterer 1 000 Flaschen untersucht, dann stiege die Spannweite sofort an, sobald eine dieser eine Füllmenge von weniger als 0,17 l bzw. mehr als 0,23 l aufwiese.

Durch Konstruktion anderer Quantilsabstände lassen sich die hier offengelegten Mängel des Spannweitenkonzepts weitgehend beseitigen. Allerdings ist das jeweils verbunden mit einem höheren Rechenaufwand.

2.2.2 Der Quartilsabstand

Der *Quartilsabstand* mißt die Intervallänge zwischen dem 25- und 75-Prozentpunkt:

Ermittlung des Quartilsabstandes:

(4.27) $s = {}^{75}x - {}^{25}x$ [1])

Er teilt damit die Beobachtungsdaten in drei Bereiche: 25 Prozent der Merkmalswerte, die kleiner als das *untere Quartil* (25-Prozentpunkt) sind, 50 Prozent, die zwischen dem unteren und dem *oberen Quartil* (75-Prozentpunkt) liegen – von diesen 50 Prozent sind wiederum 25 Prozent kleiner als der Median, 25 Prozent größer –, sowie 25 Prozent, die größer als das obere Quartil sind.

Damit liegt dem Quartilsabstand – wie auch allen anderen Quantilsabständen – ein in der Weise symmetrisches Intervall zugrunde, daß genau eine Hälfte der Merkmalsträger in diesem Intervall eine Ausprägung kleiner, die andere eine größer als der Median aufweist (vgl. auch Abb. 30).

Abbildung 30: Quartilsabstand

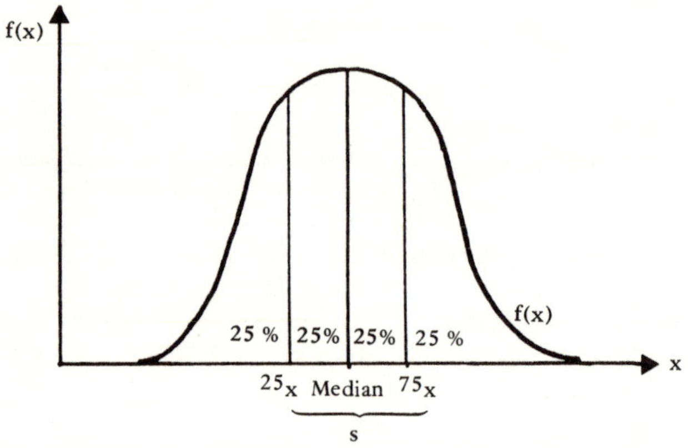

1) Zur Ermittlung eines p-Prozentpunktes bei klassiertem, stetigem Merkmal vergleiche Kapitel 3.2. Bei diskretem Merkmal entspricht ^{p}x dem $a_j{*}$, für das z_{j*}/n erstmals p/100 überschreitet: $^{p}x = a_{j*}$, bzw. falls für a_{j*} gilt: $z_{j*}/n = p/100$, der Mitte zwischen a_{j*} und a_{j*+1}:

$^{p}x = \frac{1}{2}(a_{j*} + a_{j*+1})$ [vgl. auch S. 55 ff.].

Beispiel 4.15: Quartilsabstand

Zum Abfüllbeispiel 4.14 berechnet sich der Quartilsabstand wie folgt:

1. Bestimmung der Prozentpunkte

$$^{75}x = a^u_{j^*} + \left(0{,}75 - \frac{z_{j^*-1}}{n}\right) / \frac{n_{j^*}}{n \cdot \Delta_{j^*}}$$

$$= 0{,}21 + (0{,}75 - 0{,}7) / \frac{200}{1000 \cdot 0{,}01}$$

$$= 0{,}2125$$

$$^{25}x = a^u_{j^*} + \left(0{,}25 - \frac{z_{j^*-1}}{n}\right) / \frac{n_{j^*}}{n \cdot \Delta_{j^*}}$$

$$= 0{,}18 + (0{,}25 - 0{,}1) / \frac{300}{1000 \cdot 0{,}01}$$

$$= 0{,}185$$

2. Bestimmung des Quartilsabstandes

$$s = 0{,}2125 - 0{,}185 = 0{,}0275$$

50 % der Flaschen unterscheiden sich in ihrem Inhalt um maximal 0,0275 l.

2.2.3 *Weitere Quantilsabstände*

Allgemein läßt sich ein Quantilsabstand durch den Abstand zweier symmetrisch um den Median gelegener Prozentpunkte definieren:

> Ermittlung eines Quantilsabstandes:
>
> (4.28) $s(q) = {}^{50+q}x - {}^{50-q}x \qquad 0 < q \leq 50$

Es eröffnet sich hier eine Schar von Streuungsmaße, von der der Quartilsabstand für $q = 25$ (vgl. S. 83 ff.) und die Spannweite für $q = 50$ (vgl. S. 82 f.) wohl die bekanntesten sind. Die noch zur Spannweite vorgetragene Kritik läßt sich nicht auf andere Quantilsabstände übertragen. „Ausreißer" finden aufgrund ihrer extremen Lage nur im Spannweitenkonzept Berücksichtigung. Der systematische Anstieg des Quantilsabstandes, wie er im Spannweitenkonzept konstatiert wurde, läßt sich nicht bei anderen Quantilsabstandskonstruktionen beobachten.

Vorteilhaft ist auch, daß der Anwender sich einen „Vertrauensbereich" durch die Wahl von q selbst definieren und so angeben kann, mit welcher Wahrscheinlichkeit ein zufällig herausgegriffenes x_i im zum Quantilsabstand korrespondierenden Intervall von $[^{50-q}x, {}^{50+q}x]$ liegt. Anschaulichkeit, leichte Interpretiert- und Berechenbarkeit prädestinieren die Quantilsabstände insbesondere für einfache statistische Anwendungen.

Beispiel 4.16: Quantilsabstand

Stark über- bzw. unterfüllte Flaschen (vgl. Abfüllbeispiel 4.14) sollen noch einmal den Abfüllprozeß durchlaufen. Ohne große Störungen des Produktionsablaufs zu riskieren, können jedoch nur maximal 20 Prozent der Flaschen neu abgefüllt werden.

Es soll überprüft werden, ob die verbleibenden 80 Prozent der von den Verbraucherverbänden geforderten maximalen Streuung der Flascheninhalte von 0,04 l entspricht.

Wir bestimmen den Quantilsabstand:

$$s = {}^{90}x - {}^{10}x \qquad (q = 40)$$

1. Bestimmung der Prozentpunkte (vgl. Beispiel 4.15)
   $^{90}x = 0{,}22$; $^{10}x = 0{,}18$

2. Bestimmung des Quantilsabstandes
   $s = 0{,}22 - 0{,}18 = 0{,}04$

Der Forderung der Verbraucherverbände wird damit entsprochen.

2.3 *Die durchschnittliche Abweichung*

2.3.1 *Die Anwendung der durchschnittlichen Abweichung*

Die grundlegende Überlegung ist auch hier, die mittlere Abweichung der Merkmalswerte vom Lageparameter zu berechnen.

Die durchschnittliche Abweichung bestimmt sich aus den Differenzen der Beobachtungswerte x_i vom Mittelwert $\overline{x}$: $x_i - \overline{x}$. Da diese sowohl negativ (für $x_i < \overline{x}_m$) als auch positiv (für $x_i > \overline{x}_m$) sein können, besteht die Gefahr – zumal ein Mittelwert immer zwischen den x_i liegt –, daß positive und negative Abweichungen sich gegenseitig kompensieren. Daher bestimmt man stets die positive Differenz zwischen den x_i und $\overline{x}$ als Abweichungsmaß: $|x_i - \overline{x}|$[1]). Die mittlere Abweichung s läßt sich dann als arithmetisches Mittel der Abweichungen bestimmen.

Ermittlung der durchschnittlichen Abweichung aus der Urliste:

$$(4.29)\quad s = \frac{1}{n} \sum_{i=1}^{m} |x_i - \overline{x}| \qquad \overline{x} = \begin{cases} \text{Median} \\ \text{arithmetisches Mittel} \end{cases}$$

Beispiel 4.17: Durchschnittliche Abweichung

Die Arbeitsqualität von Auszubildenden in einer Kesselschmiede wird danach bestimmt, inwieweit sie in der Lage sind, einen Kessel mit einem Norminhalt von 100 l mehrfach nachzubauen. Der zu begutachtende Auszubildende schmiedete 5 Kessel mit folgenden Fassungsvermögen:

Kessel 1	Kessel 2	Kessel 3	Kessel 4	Kessel 5
102 l	99 l	100 l	98 l	101 l

Die durchschnittliche Abweichung vom Norminhalt ist:

$$s = \frac{1}{5}\,(|102-100| + |99-100| + |100-100| + |98-100| + |101-100|)$$
$$= \frac{1}{5}\,(\;2 + 1 + 0 + 2 + 1\;)$$
$$= 1{,}2$$

Liegt der Berechnung in Häufigkeitstabellen strukturiertes Material zugrunde, so verwendet man als Abweichung den Abstand zwischen den a_j und $\overline{x}$ und gewichtet diese Abstände mit der absoluten Häufigkeit n_j:

[1]) Die Betragszeichen | | deuten an, daß jeweils nur das zahlenmäßige Ergebnis ohne Vorzeichen der zwischen ihnen durchgeführten Operation anzugeben ist.

$$|x_i - \overline{x}| = \begin{cases} x_i - \overline{x} & \text{für } x_i \geq \overline{x} \\ \overline{x} - x_i & \text{für } x_i < \overline{x} \end{cases}$$

Ermittlung der durchschnittlichen Abweichung aus der Häufigkeitstabelle:

(4.30) $$s = \frac{1}{n} \sum_{i=1}^{m} n_j \, |a_j - \bar{x}| \qquad \bar{x} = \begin{cases} \text{Median} \\ \text{arithmetisches Mittel} \end{cases}$$

2.3.2 Minimalität der durchschnittlichen Abweichung

Für die Berechnung der durchschnittlichen Abweichung ist es nicht unerheblich, von welchem Mittelwert aus man die Berechnung der Abweichungen durchführt. Je nachdem wird man zu unterschiedlichen Resultaten gelangen. Prinzipiell sollte man so verfahren, daß man die Durchschnittsabweichung auf Basis des Mittelwertes bestimmt, der auch in allen vorhergehenden und nachfolgenden Rechnungen verwendet worden ist bzw. verwendet werden wird. Werden jedoch durchweg mehrere Lokalisationsmaße bestimmt, dann verwendet man zur Berechnung der durchschnittlichen Abweichung jenes, das diese Abweichung minimiert.

Die Durchschnittsabweichung ist dann minimal, wenn vom Median als Lageparameter ausgegangen wird.

Abbildung 31: Die Durchschnittsabweichung in Abhängigkeit vom verwendeten Mittelwert für n = 1

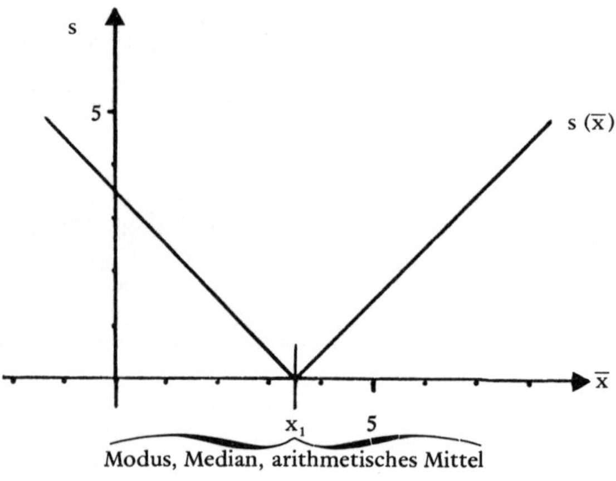

Wir betrachten zunächst den Fall n = 1. Die Durchschnittsabweichung ist dann $s = |x_1 - \overline{x}|$. Zu vorgegebenen x_1 und variiertem $\overline{x}$ ist diese minimal, wenn $\overline{x} = x_1$ ist. Dann gilt nämlich $s = |x_1 - x_1| = 0$ (vgl. auch Abb. 31). Sowohl vom Modus als auch vom Median und arithmetischen Mittel wird die Ausprägung x_1 angenommen.

Beträgt n = 2, so lassen sich zwei Betragsfunktionen, nämlich $|x_1-\overline{x}|$ und $|x_2-\overline{x}|$ in das Schaubild (vgl. Abb. 32) eintragen. Die durchschnittliche Abweichung s erhält man, indem die Funktionswerte der beiden Betragsfunktionen an allen Stellen $\overline{x}$ addiert werden, und anschließend die sich ergebende Summe durch 2 dividiert wird:

$s = \frac{1}{2} \cdot (|x_1 - \overline{x}| + |x_2 - \overline{x}|)$. Die durchschnittliche Abweichung ist für alle $\overline{x}$ zwischen x_1 und x_2 $(x_1 \leqslant \overline{x} \leqslant x_2)$ minimal. Diese Bedingung wird vom Median und arithmetischen Mittel in gleicher Weise erfüllt. Der Modus ist unbestimmt.

Abbildung 32: Die Durchschnittsabweichung in Abhängigkeit vom verwendeten Mittelwert für n = 2

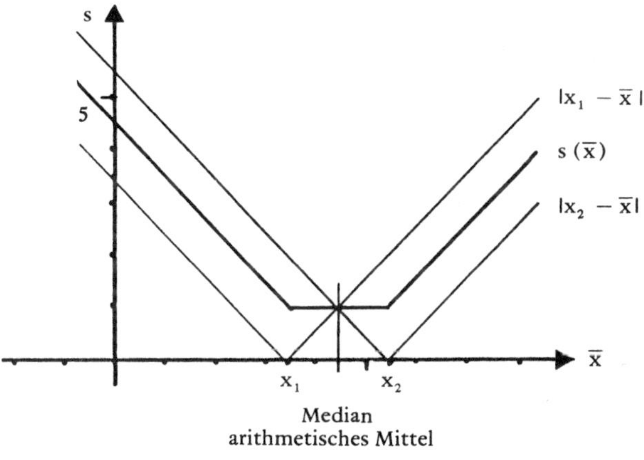

Für n = 3 ergibt sich die durchschnittliche Abweichung analog aus der Addition der Betragsfunktionen und anschließender Division durch 3. Wie die Zeichnung veranschaulicht, wird die Bestimmung der minimalen Durchschnittsabweichung nur noch durch den Median gewährleistet.

Abbildung 33: Die Durchschnittsabweichung in Abhängigkeit vom verwendeten Mittelwert für n = 3

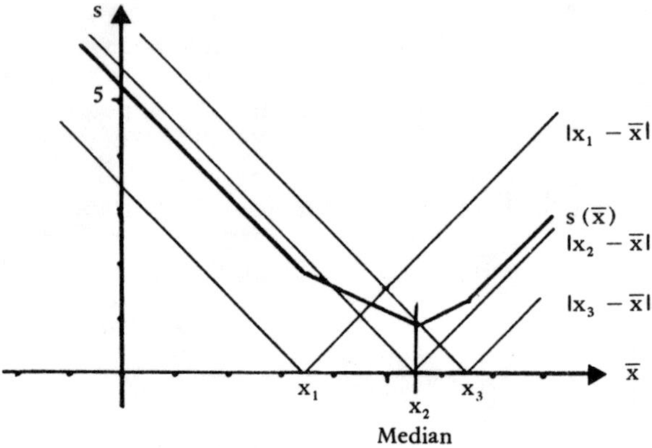

Im allgemeinen gilt die Gleichung (4.32). Differenziert man nach $\overline{x}$, so genügt es zunächst, $|x_i - \overline{x}|$ abzuleiten, da der Differentialquotient einer Summe der Summe der Differentialquotienten entspricht:

$$(4.31)\qquad \frac{d\,|x_i - \overline{x}|}{d\overline{x}} = \begin{cases} -1 & \text{für} \quad \overline{x} < x_i \\ 1 & \text{für} \quad \overline{x} > x_i \end{cases}$$

Nimmt man ohne Beschränkung der Allgemeinheit an, daß die x_i in einer Rangwertreihe vorliegen, daß also $x_1 \leqslant x_2 \leqslant \ldots \leqslant x_n$ gilt, dann ist die Ableitung der Betragssumme:

$$(4.32)\qquad \frac{d \sum_{i=1}^{n} |x_i - \overline{x}|}{d\overline{x}} = \sum_{i=1}^{n} \frac{d\,|x_i - \overline{x}|}{d\overline{x}}$$

$$
= \begin{cases} -n & \overline{x} < x_1 \leq x_2 \leq \ldots \leq x_n \\ -n+2 & x_1 < \overline{x} < x_2 \leq \ldots \leq x_n \;^{1)} \\ \;\vdots & \;\vdots \\ n-2 & x_1 \leq \ldots \leq x_{n-1} < \overline{x} < x_n \\ n & x_1 \leq \ldots \leq x_{n-1} \leq x_n < \overline{x} \end{cases}
$$

Die Steigung und damit die Größe der Betragssumme nimmt also für wachsendes $\overline{x}$ kontinuierlich ab, bis $\overline{x}$ den mittleren Merkmalswert $x_{(n+1)/2}$ (für ungerades n) bzw. $x_{n/2}$ (für gerades n) trifft. Jetzt beginnt die Betragssumme wieder kontinuierlich anzusteigen (für ungerades n) bzw. verbleibt konstant und minimal bis $x_{(n+2)/2}$, bevor sie von hier an wieder zu steigen beginnt. Die Betragssumme und damit auch die mittlere Abweichung s, die durch n dividierte Betragssumme, ist also für beliebige x_i und n dann minimal, wenn der Median als Mittelwert gewählt wird.

Betrachtet man das obige Ergebnis unter dem Gesichtspunkt, daß das arithmetische Mittel gegenüber dem Median aussagekräftiger ist (vgl. S. 62 f.), so wäre es wünschenswert, eine Streuungsmaßzahl zu konstruieren, die genau dann minimal ist, wenn sie sich auf das arithmetische Mittel bezieht. Ein weiterer Aspekt gibt Anlaß, nach einer besseren Abweichungsmaßzahl zu suchen. Der insbesondere theoretische Umgang mit der Durchschnittsabweichung ist kompliziert, weil zum einen die Betragsfunktion immer nach einer Fallunterscheidung $x_i \leq \overline{x}$ und $x_i > \overline{x}$ verlangt – in summa führt das oft zu n+1 Fallunterscheidungen beim Umgang mit der Maßzahl [vgl. Gleichung (4.32)] – und zum anderen, teils daraus resultierend, die durchschnittliche Abweichung weder stetig in den x_i noch in $\overline{x}$ differenzierbar ist.

---

[1]) Implizit wird hier $x_1 < x_2$ bzw. $x_{n-1} < x_n$ vorausgesetzt. Wenn Gleichheit von x_1 und x_2 oder x_{n-1} und x_n auftritt, verändert sich die Steigung gleich um den Faktor 4, ohne jedoch die Gültigkeit der Argumentation zu stören.

2.4 *Streuung und Standardabweichung*

2.4.1 *Die Anwendung der Streuung und Standardabweichung*

Wir argumentieren im folgenden nur auf der Basis des arithmetischen Mittels $\overline{x}$ als Lageparameter. Im Unterschied zur Durchschnittsabweichung werden bei Bildung der *Streuung* s^2 die Differenzen zwischen den x_i und $\overline{x}$ nicht betragsmäßig erfaßt, sondern quadriert, was gleichfalls eine positive Abstandsmaßzahl zur Folge hat. Die Streuung ist das arithmetische Mittel der so entstandenen Abweichungsquadrate.

Ermittlung der Streuung aus der Urliste:
(4.33) $s^2 = \frac{1}{n} \sum_{i=1}^{n} (x_i - \overline{x})^2$ $\quad \overline{x}$ = arithmetisches Mittel

Ein anschauliches Bild dieser Maßzahl vermittelt Abbildung 34. Die x_i wie auch $\overline{x}$ werden entlang der Abszisse und der Ordinate abgetragen. Das Fadenkreuz ist im Mittelwertpaar $\overline{X} := (\overline{x}, \overline{x})$ zentriert. Die Abstände der x_i von den Achsen dieses Kreuzes entsprechen $(x_i - \overline{x})$; die Flächen zwischen den Punkten $X_i := (x_i, x_i)$ und den Achsen des Fadenkreuzes $F_i := (x_i - \overline{x})(x_i - \overline{x}) = (x_i - \overline{x})^2$. Die Streuung, auch bezeichnet als *empirische Varianz*, ergibt sich dann als durchschnittliche Flächengröße: $s^2 = \frac{1}{n} \sum_{i=1}^{n} F_i$.

Abbildung 34: Die Streuung

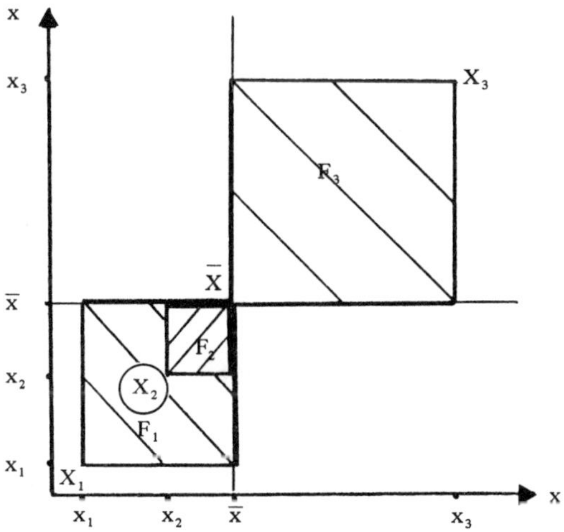

Auch nach der anschaulichen Flächendarstellung läßt sich der Streuung als Abweichungsmaß nur schwer eine verbale Interpretation zuordnen. Deshalb wird zusätzlich zur Streuung die *Standardabweichung* s definiert. Sie ergibt sich als positive Wurzel des Streuungsmaßes:

> Ermittlung der Standardabweichung:
>
> (4.34) $s = +\sqrt{s^2} = +\sqrt{\frac{1}{n}\sum_{i=1}^{n}(x_i - \overline{x})^2}$ (Urliste)
>
> $\overline{x}$ = arithmetisches Mittel

Die Standardabweichung lautet in der gleichen Dimension wie die Merkmalswerte; sie entspricht der Kantenlänge der hypothetischen Durchschnittsfläche (vgl. Abb. 34) und läßt sich damit als mittlere Abweichung interpretieren. Zu bedenken ist allerdings, daß die Standardabweichung die Durchschnittsabweichung (vgl. S. 86 ff.) in der Regel übertrifft. Die Begründung dafür ist, daß die Berechnung des arithmetischen Mittels aus den Abweichungsquadraten stets zu einer übermäßig starken Gewichtung der größeren Abstände führt.

Beispiel 4.18: Streuung und Standardabweichung bei Urlistendaten

Zum Auszubildendenbeispiel 4.17 berechnet sich die Streuung wie folgt:

$$s^2 = \frac{1}{5} \cdot ((102-100)^2+(99-100)^2+(100-100)^2 +(98-100)^2+(101-100)^2))$$

$$= \frac{1}{5} \cdot (4+1+0+4+1) = 2.$$

Die Standardabweichung ist:

$$s = \sqrt{s^2} = \sqrt{2} = 1{,}414$$

Zum Vergleich die Durchschnittsabweichung aus Beispiel 4.17:

$s = 1{,}2$ (Durchschnittsabweichung)

Die Anzahl der Rechenschritte in der Formel (4.33) zur Berechnung der Streuung läßt sich verringern, wenn die nachfolgenden Umformungen durchgeführt werden:

$$(4.35) \quad s^2 = \frac{1}{n} \sum_{i=1}^{n} (x_i - \overline{x})^2$$

$$= \frac{1}{n} \sum_{i=1}^{n} (x_i^2 - 2x_i\overline{x} + \overline{x}^2)$$

$$= \frac{1}{n} \left[\sum_{i=1}^{n} x_i^2 - 2\overline{x} \sum_{i=1}^{n} x_i + \overline{x}^2 \sum_{i=1}^{n} 1 \right]$$

$$= \frac{1}{n} \sum_{i=1}^{n} x_i^2 - 2\overline{x} \cdot \frac{1}{n} \sum_{i=1}^{n} x_i + \frac{1}{n} \overline{x}^2 \cdot n$$

Ersetzt man jetzt $\frac{1}{n} \sum_{i=1}^{n} x_i$ durch $\overline{x}$ und faßt zusammen, dann ergibt sich:

Vereinfachte Berechnungsformel für die Streuung:

$$(4.36) \quad s^2 = \frac{1}{n} \sum_{i=1}^{n} x_i^2 - \overline{x}^2 \qquad \text{(Urliste)}$$

$\overline{x}$ = arithmetisches Mittel

Diese Berechnungsformel für die Streuung ist insbesondere dann vorzuziehen, wenn die x_i ganzzahlig und die zu quadrierenden Differenzen $x_i - \overline{x}$ nicht ganzzahlig sind. Die Rechenformel (4.33) empfiehlt sich, wenn die x_i relativ groß sind und die Abweichungen $x_i - \overline{x}$ relativ klein.

Beispiel 4.19: Berechnung der Streuung mit vereinfachter Berechnungsformel

Die Alternativformel (4.36) eignet sich zur Berechnung der Streuung aus den Daten des Haushaltsmitgliederbeispiels 2.1.

Das arithmetische Mittel ist: $\overline{x} = 3{,}2$

Es gilt:

$$s^2 = \frac{1}{10}(4+16+9+4+36+4+9+16+25+1) - 10{,}24$$
$$= 12{,}4 - 10{,}24 = 2{,}16$$

Eine wichtige Eigenschaft der Streuung – der *Verschiebungssatz* – ergibt sich direkt aus dem Intervallskalenanspruch der Streuung: Eine lineare Transformation $g(x) = a + bx$ der Merkmalswerte ändert die Maßzahl (vgl. Fußnote 1, S. 81) um:

$$(4.37) \quad \left(\frac{g(x_i) - g(x_j)}{x_i - x_j}\right)^2 = \left(\frac{a + bx_i - (a + bx_j)}{x_i - x_j}\right)^2 = b^2$$

Damit gilt (vgl. Aufg. 4.10):

Streuungsverschiebungssatz:
(4.38) $s^2(a + bx_1, \ldots, a + bx_n) = b^2 s^2(x_1, \ldots, x_n) \quad a, b \in \mathbb{R}$

Liegen die Beobachtungswerte eines stetigen Merkmals klassiert in der aufbereiteten Form einer Häufigkeitstabelle vor, so ist es naheliegend unter der Annahme einer annähernd gleichmäßigen Verteilung der x_i um die Klassenmitte a_j, diese auch als repräsentativen Wert zur Berechnung der Streuung zu verwenden, ebenso wie wir die Ausprägung a_j eines diskreten Merkmals zur Berechnung verwenden.

Ermittlung der Streuung aus der Häufigkeitstabelle:

(4.39) $$s^2 = \frac{1}{n} \sum_{i=1}^{n} n_j \cdot (a_j - \overline{x})^2$$

$\overline{x}$ = arithmetisches Mittel

Dieses Vorgehen führt jedoch bei klassierten Daten zu einer permanenten – wenn auch meist nur geringen – Unterschätzung der Streuung.

Beispiel 4.20: Streuung bei klassierten Daten

Das Merkmal X wurde bei den Merkmalsträgern i mit folgenden Ausprägungen erhoben:

$x_1 = 1, x_2 = 2, x_3 = 3, x_4 = 4, x_5 = 5, x_6 = 6$

Das arithmetische Mittel ist:

$\overline{x} = 3{,}5$

die Streuung:

$$s^2 = \frac{1}{6} (1+4+9+16+25+36) - 12{,}25 = 2{,}917$$

Wenn den x_i die Klassen $K_1 = [0{,}5; 2{,}5)$;

$K_2 = [2{,}5; 4{,}5)$;

$K_3 = [4{,}5; 6{,}5)$;

zugeordnet werden, so sind die x_i gleichmäßig in den Klassen verteilt und die Klassenmitte a_j ist das arithmetische Mittel der Klassenwerte. Das arithmetische Mittel errechnet sich über die Klassenmitte a_j wieder zu $\overline{x} = 3{,}5$. Die Streuung ermittelt nach (4.39) ist:

$$s^2 = \frac{1}{6} (2 \cdot (1{,}5-3{,}5)^2 + 2 \cdot (3{,}5-3{,}5)^2 + 2 \cdot (5{,}5-3{,}5)^2) = 2{,}667$$

Nach dieser Methode wird die tatsächliche Streuung um fast 9 % unterschätzt.

Die Formel (4.39) ist bei klassierten Merkmalswerten also nur eingeschränkt brauchbar. Insbesondere bei großen Klassen führt sie zu hohen Fehlerquoten, da nur die Streuung der Klassenmitten um $\overline{x}$, die sog. *externe Streuung*, nicht aber die Streuung der Klassenwerte um die Klassenmitten, die sog. *interne Streuung* Berücksichtigung findet.

2.4.2 Der Streuungszerlegungssatz

Fassen wir die zu einer Klasse gehörenden Merkmalswerte als Teilerhebung auf, dann ist die ursprüngliche Erhebung unterteilt in m Teilerhebungen. Wir können verallgemeinern: Liegt eine beliebige Anzahl von Teilerhebungen vor, dann läßt sich mit Hilfe des *Streuungszerlegungssatzes* die exakte Streuung in der Gesamtheit ermitteln.

Es wird die schon in Kapitel 4.1.4.2. verwandte Symbolik benutzt:

n_k = Anzahl der Merkmalsträger in der k-ten Teilerhebung ($k = 1,2, \ldots, q$)

n_G = Anzahl der Merkmalsträger in der Gesamtheit ($n_G = \sum_{k=1}^{q} n_k$)

x_{ki} = der i-te Merkmalswert in der k-ten Teilerhebung ($i=1, 2, \ldots, n_k$)

$\overline{x}_k$ = das arithmetische Mittel in der k-ten Teilerhebung

$\overline{x}_G$ = das arithmetische Mittel in der Gesamtheit

s^2_k = die Streuung in der k-ten Teilerhebung

s^2_G = die Streuung der Gesamtheit.

Die Gesamtstreuung ermittelt sich als Durchschnitt der Abweichungsquadrate vom arithmetischen Mittel der Gesamtheit.

$$(4.40) \quad s^2_G = \frac{1}{n_G} \sum_{k=1}^{q} \sum_{i=1}^{n_k} (x_{ki} - \overline{x}_G)^2$$

Die Abweichung zwischen x_{ki} und $\overline{x}_G$ läßt sich unterteilen in die zwischen x_{ki} und $\overline{x}_k$ und die zwischen $\overline{x}_k$ und $\overline{x}_G$:

$$(4.41)\quad s^2_G = \frac{1}{n_G} \sum_{k=1}^{q} \sum_{i=1}^{n_k} ((x_{ki} - \bar{x}_k) + (\bar{x}_k - \bar{x}_G))^2$$

Quadriert man jetzt aus, ergibt sich:

$$(4.42)\quad s^2_G = \frac{1}{n_G} \sum_{k=1}^{q} \sum_{i=1}^{n_k} ((x_{ki} - \bar{x}_k)^2 + 2(x_{ki} - \bar{x}_k)(\bar{x}_k - \bar{x}_G)$$

$$+ (\bar{x}_k - \bar{x}_G)^2)$$

$$= \frac{1}{n_G} \sum_{k=1}^{q} \sum_{i=1}^{n_k} (x_{ki} - \bar{x}_k)^2$$

$$+ \frac{2}{n_G} \sum_{k=1}^{q} \sum_{i=1}^{n_k} (x_{ki} - \bar{x}_k)(\bar{x}_k - \bar{x}_G)$$

$$+ \frac{1}{n_G} \sum_{k=1}^{q} \sum_{i=1}^{n_k} (\bar{x}_k - \bar{x}_G)^2$$

Zwischen den Summenzeichen des ersten Summanden wird eine Erweiterung um n_k vorgenommen, beim zweiten wird $(\bar{x}_k - \bar{x}_G)$ aus der Summation über i herausgezogen, beim dritten schließlich wird die $\sum_{i=1}^{n_k} (\bar{x}_k - \bar{x}_G)$ ausgerechnet:

$$(4.43)\quad s^2_G = \frac{1}{n_G} \sum_{k=1}^{q} n_k \left(\frac{1}{n_k} \sum_{i=1}^{n_k} (x_{ki} - \bar{x}_k)^2 \right)$$

$$+ \frac{2}{n_G} \sum_{k=1}^{q} (\bar{x}_k - \bar{x}_G) \sum_{i=1}^{n_k} (x_{ki} - \bar{x}_k)$$

$$+ \frac{1}{n_G} \sum_{k=1}^{q} n_k (\bar{x}_k - \bar{x}_G)^2$$

Bedenkt man, daß die Klammer des ersten Summanden der Streuung s_k^2 in der k-ten Teilerhebung entspricht, weiter die im zweiten Summanden stehende Summe

$\sum_{i=1}^{n_k} (x_{ki} - \bar{x}_k) = \sum_{i=1}^{n_k} x_{ki} - \sum_{i=1}^{n_k} \bar{x}_k = n_k\bar{x}_k - n_k\bar{x}_k = 0$ ist, dann erhält man:

Streuungszerlegungssatz:

$$(4.44)\quad s^2_G = \frac{1}{n_G} \sum_{k=1}^{q} n_k\, s^2_k + \frac{1}{n_G} \sum_{k=1}^{q} n_k (\bar{x}_k - \bar{x}_G)^2$$

Die Gesamtstreuung setzt sich also zusammen aus den gewichteten Streuungen der Teilerhebungen, der sog. Streuung s_{int}^2, und der gewogenen Streuung der Mittelwerte aus den Teilerhebungen um das arithmetische Mittel der Gesamtheit, der sog. externen Streuung s_{ext}^2 [1]).

Beispiel 4.21: Anwendung des Streuungszerlegungssatzes auf zwei getrennte Teilgesamtheiten

In einem Betrieb, der 200 männliche und 100 weibliche Angestellte beschäftigt, wurde das Monatseinkommen erhoben. Bei den Männern ergab sich ein Durchschnittseinkommen von 3 000,– DM bei einer Standardabweichung von 1 000,– DM, bei den Frauen eines von 1 800,– DM bei einer Standardabweichung von 800,– DM. Bestimmen Sie die Standardabweichung in der Gesamtheit.

Die Streuung bei den Männern: $s_1^2 = 1\,000\,000 \text{ DM}^2$

Die Streuung bei den Frauen: $s_2^2 = 640\,000 \text{ DM}^2$

Die interne Streuung:

$$s_{int}^2 = \frac{1}{300}(200 \cdot 1\,000\,000 + 100 \cdot 640\,000) = 880\,000 \text{ DM}^2$$

Das arithmetische Mittel in der Gesamtheit:

$$\bar{x}_G = \frac{1}{300}(200 \cdot 3\,000 + 100 \cdot 1\,800) = 2\,600 \text{ DM}$$

Die externe Streuung:

$$s_{ext}^2 = \frac{1}{300}(200\,(3\,000-2\,600)^2 + 100\,(1\,800-2\,600)^2)$$
$$= 320\,000 \text{ DM}^2$$

Gesamtstreuung:

$$s_G^2 = s_{int}^2 + s_{ext}^2 = 880\,000 + 320\,000 = 1\,200\,000 \text{ DM}^2$$

Die Standardabweichung in der Gesamtheit beträgt somit:

$$s_G = \sqrt{1\,200\,000} = 1\,095{,}45 \text{ DM}$$

---

[1]) Zur Begriffsbildung der internen und externen Streuung vergleiche S. 97.

Beispiel 4.22: Anwendung des Streuungszerlegungssatzes auf eine Gesamtheit klassierter Daten

Die Streuung s_j^2 in den Klassen des Beispiels 4.20 betragen

$$s^2_j = \frac{1}{2}\,(0{,}5^2 + 0{,}5^2) = 0{,}25$$

Die interne Streuung errechnet sich zu:

$$s^2_{int} = \frac{1}{6}\,(2 \cdot 0{,}25 + 2 \cdot 0{,}25 + 2 \cdot 0{,}25) = 0{,}25$$

Die externe Streuung entspricht der im Beispiel als Gesamtstreuung interpretierten Maßzahl der Streuung der Klassenmitten um $\overline{x}$.

$$s^2_{ext} = 2{,}667$$

Damit ist die Gesamtstreuung – $s^2 = s^2_{int} + s^2_{ext} = 2{,}917$ – genauso groß wie bei direkter Ermittlung aus der Urliste.

2.4.3 Minimalität der Streuung und Standardabweichung

Am Ende des letzten Abschnittes haben wir den Wunsch formuliert, eine Streuungsmaßzahl zu konstruieren, die genau dann minimal ist, wenn das arithmetische Mittel als Mittelwert zugrundegelegt wird. Diese Leistung wird durch die Streuung und damit auch durch die Standardabweichung erbracht.[1])

Die Abbildung 35 veranschaulicht die Veränderung beider Maßzahlen bei Variation des Lageparameters $\overline{x}$ für n = 3. Schon hier offenbart sich, daß Streuung und Standardabweichung für das arithmetische Mittel als Mittelwert minimal sind.

---

[1]) Die Standardabweichung ist die positive Wurzel der Streuung: $s = +\sqrt{s^2}$. Diese Wurzelfunktion ist eine streng monoton steigende Funktion und sichert damit, daß gilt: $s_1^2 < s_2^2 \Leftrightarrow s_1 < s_2$.

Abbildung 35: Streuung und Standardabweichung in Abhängigkeit vom verwendeten Mittelwert für n = 3

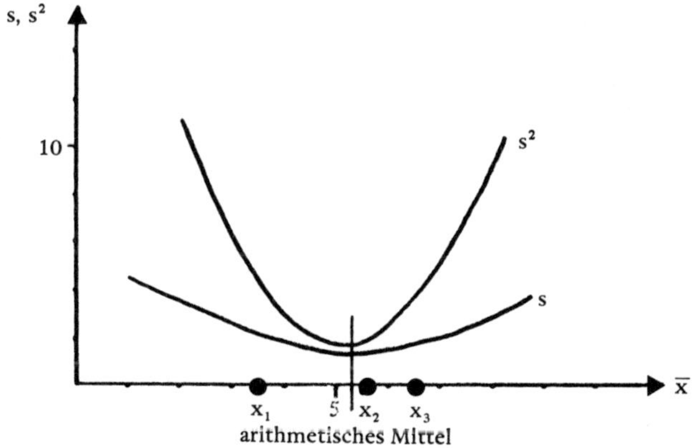

Diese Minimalitätseigenschaft des arithmetischen Mittels weisen wir für beliebiges n mit Hilfe der Differentialrechnung nach. Für gegebene x_i ist das Abweichungsquadrat $(x_i - \bar{x})^2$ stetig und stetig differenzierbar:

$$\text{(4.45)} \qquad \frac{d(x_i - \bar{x})^2}{d\bar{x}} = -2\,(x_i - \bar{x})$$

Somit gilt die Ableitung der Streuung:

$$\text{(4.46)} \qquad \frac{d\left(\frac{1}{n}\sum_{i=1}^{n}(x_i - \bar{x})^2\right)}{d\bar{x}} = \frac{1}{n}\sum_{i=1}^{n}\frac{d(x_i - \bar{x})^2}{d\bar{x}} = -\frac{2}{n}\sum_{i=1}^{n}(x_i - \bar{x})$$

Notwendigerweise muß die Ableitung zum Nachweis eines Minimums Null gesetzt werden:

$$\text{(4.47)} \qquad -\frac{2}{n}\sum_{i=1}^{n}(x_i - \bar{x}) = 0$$

Wir formen die linke Seite der Gleichung um. Es gilt:

$$\text{(4.48)} \qquad -\frac{2}{n}\sum_{i=1}^{n}(x_i - \bar{x}) = -\frac{2}{n}\sum_{i=1}^{n}x_i + \frac{2}{n}\sum_{i=1}^{n}\bar{x} = -\frac{2}{n}\sum_{i=1}^{n}x_i + 2\bar{x}$$

Verwendet man das Ergebnis aus (4.47), erhalten wir:

$$(4.49) \quad -\frac{2}{n}\sum_{i=1}^{n} x_i + 2\overline{x} = 0$$

woraus folgt:

$$(4.50) \quad \overline{x} = \frac{1}{n}\sum_{i=1}^{n} x_i .$$

Nur für das arithmetische Mittel also nimmt der Differentialquotient (4.46) den Wert Null an. Da die zweite Ableitung an dieser Stelle positiv ist,

$$\frac{d^2 s^2}{d\overline{x}^2} = 2,$$

liegt hier ein Minimum vor. Somit ist nachgewiesen, daß Streuung und Standardabweichung genau dann minimal sind, wenn das arithmetische Mittel der Ermittlung der Maßzahlen als Lageparameter zugrundegelegt wird.

2.5 Die Nominalabweichung

Vergleicht man einschlägige Statistikbücher, so wird man unter den dort aufgeführten Streuungsmaßzahlen wohl kaum jemals ein Maß finden, das auf nominal- oder ordinalskalierte Merkmale anwendbar ist. Der Grund liegt wohl darin, daß man gemeinhin unter Streuungsmaßen „Mittelwerte von Abweichungen von Mittelwerten''[1]) versteht. Die Messung von Abweichungen erfordert jedoch das Vorliegen mindestens intervallskalierten Merkmals, so daß unter dem Verständnis des Streuungsmaßes als Abweichungsmaß keine derartige Maßzahl mit geringerem Skalenanspruch als Intervallskalenniveau konstruierbar ist.

Allerdings läßt sich auch bei Nominal- oder Ordinalskalenniveau eine Quasi-Abweichungsfunktion konstruieren, die nur die Unterschiedlichkeit der x_i ausnutzt:

---

[1]) Menges, G.; Skala, H. J.: Grundriß der Statistik, Teil 2: Daten, Opladen 1973, S. 351.

$$(4.51) \qquad \delta(a_j, \overline{x}) := \begin{cases} 0 & \text{für} \quad a_j = \overline{x} \\ 1 & \text{für} \quad a_j \neq \overline{x} \end{cases} \qquad \overline{x} = \text{Modus}$$

Benutzt man in Analogie zu anderen Abweichungsmaßen[1]) diese Entfernungsfunktion zur Ermittlung einer durchschnittlichen Abweichung, dann sind die $\delta(a_j, \overline{x})$ mit den absoluten Häufigkeiten zu gewichten, das Ergebnis aufzusummieren und mittels Division durch n der Durchschnitt zu bilden:[2])

> Ermittlung der Nominalabweichung:
>
> $$(4.52) \quad s = \frac{1}{n} \sum_{j=1}^{m} n_j \, \delta(a_j, \overline{x}) \qquad \text{(Häufigkeitstabelle)}$$
>
> $$\overline{x} = \text{Modus}$$

Die *Nominalabweichung* beschreibt den Anteil der Merkmalswerte, die nicht der häufigsten Merkmalsausprägung entsprechen, bzw. in der dichtest besetzten Klasse aufzufinden sind.

Beispiel 4.23: Nominalabweichung

Für das Beispiel 4.2 (Soziale Herkunft von 1 000 Schülern eines Gymnasiums) ergibt sich folgende Nominalabweichung:

$$s = \frac{1}{1000}(250 \cdot 1 + 400 \cdot 0 + 200 \cdot 1 + 150 \cdot 1)$$
$$= 0{,}6.$$

2.6 *Der Variationskoeffizient*

Neben den absoluten Streuungsmaßen, die eine absolute Aussage konkretisieren, existiert auch noch eines, das diese Aussage zum Mittelwert in Beziehung setzt und so eine Anteilsaussage begründet.

---

[1]) Vgl. Streuung (S. 92 ff.) und durchschnittliche Abweichung (S. 86 ff.).
[2]) Vgl. Gleichung (4.30) und (4.39).

Beispiel 4.24: Vergleich der Streuungsmaßzahlen in zwei Gesamtheiten

Eine Buchhandlung beabsichtigt, auf einem der beiden Absatzmärkte Hamburg oder München tätig zu werden. Den Ausschlag für die Standortentscheidung soll die Sicherheit des zu erwartenden Absatzes geben.

Das Unternehmen analysiert den jährlichen Buchumsatz in beiden Städten und ermittelt für den Absatzmarkt Hamburg eine größere Standardabweichung vom mittleren Buchumsatz. Allerdings ist der Buchumsatz in der Stadt Hamburg fast 50 % größer.

Der Unternehmensleitung ist es klar, daß eine größere Standardabweichung für eine Stadt auch durch den absolut höheren Absatz verursacht sein kann. Die Standardabweichung allein ist für sie kein ausreichendes Absatzsicherheitskriterium. Deshalb bezieht sie die Standardabweichung auf den mittleren Absatz, um so die prozentuale Abweichung von diesem der Entscheidung zugrundelegen zu können.

Will man die Streuungsmaßzahlen zweier Erhebungen einander gegenüberstellen, dann ist dieser Vergleich in manchen Fällen nur dann sinnvoll, wenn man zusätzlich die Größe des Lageparameters mit in die Betrachtung einbezieht und so den prozentualen Anteil der Streuungsmaßzahl am Mittelwert bestimmt. Man nennt dieses Verhältnis *Variationskoeffizient.* Er definiert sich im strengen Sinne als Quotient aus Standardabweichung und arithmetischem Mittel[1]), kann jedoch auch bspw. als Verhältnis von durchschnittlicher Abweichung und Median gebildet werden.

Ermittlung des Variationskoeffizienten:

$$(4.53) \qquad v = \frac{s}{\bar{\bar{x}}} \qquad \frac{s}{\bar{\bar{x}}} = \begin{cases} \dfrac{\text{durchschnittliche Abweichung}}{\text{Median}} \\ \dfrac{\text{Standardabweichung}}{\text{arithmetisches Mittel}} \end{cases}$$

[1]) Vgl. Hochstädter, D.: Einführung in die statistische Methodenlehre, 2. Aufl., Frankfurt a. M.–Bern–Las Vegas 1978

Da der Variationskoeffizient auf dem Verhältnis zweier in der Dimension des Merkmals erfaßter Maßzahlen basiert, muß das Merkmal mindestens in verhältnisskalierter Form vorliegen. Daraus resultiert zwangsläufig, daß alle $x_i \geq 0$ sind.

Beispiel 4.25: Berechnung des Variationskoeffizienten

Der Buchumsatz beträgt durchschnittlich in Hamburg 180 Mio. DM bei einer Standardabweichung von 60 Mio. DM, in München 120 Mio. DM bei einer Standardabweichung von 50 Mio. DM.

Die Variationskoeffizienten sind:

$$v_{HH} = \frac{60}{180} = 0{,}333$$

$$v_M = \frac{50}{120} = 0{,}417$$

In München beträgt die relative Abweichung vom jährlichen Durchschnittsumsatz 41,7 %. In Hamburg 33,3 %. Damit ist in der Stadt Hamburg eine größere Absatzsicherheit gegeben.

2.7 *Die Auswahl des Streuungsmaßes*

Unter den fünf vorgestellten Streuungskonzeptionen befindet sich lediglich eine Maßzahl, die Nominalabweichung, die eine geringere Skalenanforderung als Intervallskalenniveau aufweist. Nur die Berechnung dieser Maßzahl ist bei nominal- und ordinalskalierten Merkmalen zulässig; allerdings sollte die Anwendung der Nominalabweichung auch auf die o. a. Merkmale beschränkt sein.

Quantilsabstände, durchschnittliche Abweichung sowie Streuung und Standardabweichung setzen Intervallskalenniveau voraus. Quantilsabstände lassen sich variieren und liefern eine schnelle und bei Berechnung mehrerer solcher Abstände auch beliebig genaue Beschreibung der Verteilung. Bedenken sollte man allerdings, daß die Interpretation eines Quantilsabstandes zwar eine metrische Skalierung voraussetzt, daß aber die Berechnung der zugehörigen Prozentpunkte auf Ordinalskalenniveau erfolgt. Das wohl anschaulichste Streuungsmaß ist die Durchschnittsabweichung, ihm ist aus diesem

Grunde wohl in der deskriptiven Analyse der Vorzug vor der Streuung und der Standardabweichung zu geben. Nachteilig schlagen die schlechten mathematischen Eigenschaften zu Buche. Nicht zuletzt deswegen wird in der induktiven Statistik der Streuungskonzeption der Vorrang eingeräumt. Die Anwendung des Variationskoeffizienten ist insbesondere dann angezeigt, wenn die Streuungsmaße zweier Erhebungen verhältnisskalierter Merkmale mit unterschiedlich großen Mittelwerten verglichen werden sollen. Liegen der Berechnung der Median und die durchschnittliche Abweichung zugrunde, so ist die berechnete Maßzahl sehr leicht interpretierbar.

2.8 Zusammenfassung, Aufgaben

Zusammenfassung

● *Definition 4.8:* **Streuungsmaße** vermitteln einen Eindruck über die Ballung der Beobachtungswerte um den Mittelwert.

● *Definition 4.9:* **Quantilsabstände** bestimmen die Länge eines Intervalls unterhalb der Häufigkeitsverteilung, innerhalb dessen ein vorgegebener Prozentsatz der Merkmalswerte liegt:

$$s(q) = {}^{50+q}x - {}^{50-q}x \qquad 0 < q \leq 50$$

Zur **Spannweite** korrespondiert ein Intervall, in dem 100 Prozent der Beobachtungsdaten liegen:

$$s = {}^{100}x - {}^{0}x = \begin{cases} \max(x_i) - \min(x_i) & \text{für Urliste} \\ a_m - a_1 & \text{für diskrete Häufigkeitstabelle} \\ a_m^o - a_1^u & \text{für stetige Häufigkeitstabelle} \end{cases}$$

Zum **Quartilsabstand** korrespondiert ein 50-Prozent-Intervall:

$$s = {}^{75}x - {}^{25}x .$$

● *Definition 4.10:* Die **durchschnittliche Abweichung** ist der mittlere Abstand der Merkmalswerte vom Mittelwert.

$$s = \begin{cases} \frac{1}{n} \sum_{i=1}^{n} |x_i - \overline{x}| & \text{für Urliste} \\ \simeq \frac{1}{n} \sum_{j=1}^{m} n_j \cdot |a_j - \overline{x}| & \text{für Häufigkeitstabelle} \end{cases}$$

$\overline{x}$ = Median oder arithmetisches Mittel

● *Definition 4.11:* Die **Streuung** bestimmt die mittlere quadratische Abweichung der Merkmalswerte vom arithmetischen Mittel.

$$s^2 = \begin{cases} \frac{1}{n} \sum_{i=1}^{n} (x_i - \overline{x})^2 & \text{für Urliste} \\ \cong \frac{1}{n} \sum_{j=1}^{m} n_j(a_j - \overline{x})^2 & \text{für Häufigkeitstabelle} \end{cases}$$

$\overline{x}$ = arithmetisches Mittel

Satz 4.2: (Streuungszerlegungssatz)

Die gemeinsame Streuung mehrerer Teilgesamtheiten berechnet sich aus der Summe von **interner** (= Streuung in den Teilerhebungen) und **externer Streuung** (= Streuung zwischen den Teilerhebungen)

$$s_G^2 = s^2_{int} + s^2_{ext}$$

$$\text{mit} \quad s^2_{int} = \frac{1}{n_G} \sum_{k=1}^{q} n_k \cdot s_k^2$$

$$\text{mit} \quad s^2_{ext} = \frac{1}{n_G} \sum_{k=1}^{q} n_k \cdot (\overline{x}_k - \overline{x}_G)^2$$

● *Definition 4.12:* Die **Nominalabweichung** ist in Analogie zur Durchschnittsabweichung und Streuung für nominal- und ordinalskaliertes Merkmal konzipiert:

$$s = \frac{1}{n} \sum_{j=1}^{m} n_j \cdot \delta(a_j, \overline{x})$$

$$\text{mit} \quad \delta(a_j, \overline{x}) = \begin{cases} 0 & \text{für} \quad a_j = \overline{x} \\ 1 & \text{für} \quad a_j \neq \overline{x} \end{cases}$$

$$\overline{x} = \text{Modus}$$

Sie benennt den Anteil der Merkmalswerte x_i, die nicht dem Modus entsprechen, bzw. nicht in der dichtest besetzten Klasse aufzufinden sind.

● *Definition 4.13:* Der **Variationskoeffizient** ist eine relative Streuungsmaßzahl, die die durchschnittliche prozentuale Abweichung der Merkmalswerte vom Mittelwert bestimmt. In der Regel ist er der Quotient aus Standardabweichung und arithmetischem Mittel:

$$v = \frac{s}{\overline{\overline{x}}}$$

Aufgaben

4.8) Die Personalabteilung einer Fahrzeugfabrik will zusätzliche Arbeitskräfte als „Springer" einstellen. Sie vertreten erkrankte Arbeitskräfte im Produktionsbetrieb. Um die Anzahl der benötigten Zusatzkräfte festzustellen, wird auf der Basis der letzten 11 Arbeitsmonate die wöchentliche Fehlzeit in der Belegschaft festgestellt:

Monat	Fehlzeit [h]	Monat	Fehlzeit [h]
Januar	480	Juli	Betriebsferien
Februar	520	August	360
März	420	September	400
April	440	Oktober	460
Mai	400	November	500
Juni	380	Dezember	520

a) Bestimmen Sie die Spannweite.

b) Errechnen Sie die durchschnittliche Abweichung auf Basis des Medians.

Abbildung 36: Streuungsmaß und Anwendungsspektrum

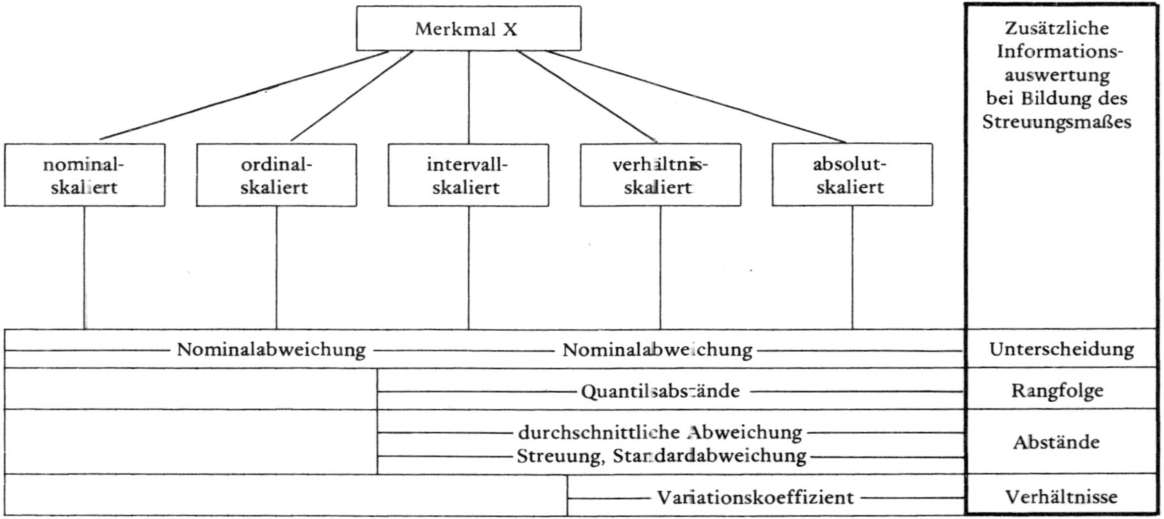

c) Wie groß ist die Streuung und die Standardabweichung?

d) In einem Filialbetrieb ergab sich eine Fehlzeit von durchschnittlich 200 Stunden pro Woche bei einer Streuung von 1 600 h^2. In welchem Betrieb schätzen Sie die Schwankungen der Fehlzeiten größer ein?

4.9) Die Stadtverwaltung eines Ortes fordert vom Statistischen Amt einen Überblick über den Altersaufbau der Wohnbevölkerung an. Das Statistische Amt erbringt folgende Aufstellung:

Altersklassen [Jahre]	Anzahl der Personen
[0; 7)	1 235
[7; 18)	1 627
[18; 35)	2 987
[35; 55)	3 123
[55; 65)	943
[65; 100]	758

a) Wie groß ist der Quartilsabstand und die Nominalabweichung?

b) Bestimmen Sie die Streuung im Altersaufbau.

c) In den einzelnen Klassen wurden folgende Standardabweichungen beobachtet: $s_1 = 2$; $s_2 = 5$; s_3 2 7; $s_4 = 7$; $s_5 = 3$; $s_6 = 8$. Haben diese zusätzlichen Angaben Einfluß auf das Ergebnis von b)? Wenn ja, berechnen Sie die Streuung nochmals und begründen Sie den Unterschied der Ergebnisse.

d) In einer zweiten Gemeinde mit 5 627 Einwohnern wurde bei gleichem Durchschnittsalter eine Streuung im Altersaufbau von 400 Jahren^2 beobachtet. Ermitteln Sie die Gesamtstreuung.

4.10) Beweisen Sie (4.38) durch Nachrechnen.

3 Momente

Arithmetisches Mittel und Streuung sind nur zwei Spezialfälle einer unendlichen Anzahl statistischer Kennziffern, die zusammen in der Lage sind, eine Häufigkeitsfunktion umfassend zu beschreiben.

Die Maßzahl m(a, r) bezeichnet man als *r-tes Moment um a* und definiert wie folgt:

Definition des r-ten Momentes um a:

$$(4.54)\quad m(a, r) := \frac{1}{n} \sum_{i=1}^{n} (x_i - a)^r$$

a bezeichnet dabei eine beliebige Merkmalsausprägung und r eine natürliche Zahl.

Für Statistiker sind aus der Menge der Momente jene um den Nullpunkt (a = 0), die sog. *gewöhnlichen Momente*, und jene um das arithmetische Mittel ($a = \overline{x}$), die sog. *zentralen Momente*, von besonderem Interesse. Der Einfachheit halber bezeichnet man sie als:

Definition des gewöhnlichen und des zentralen Momentes:

$$(4.55)\quad m'_r := m(0, r) = \frac{1}{n} \sum_{i=1}^{n} x_i^r \qquad \text{(gewöhnliches Moment)}$$

$$\text{und } m_r := m(\overline{x}, r) = \frac{1}{n} \sum_{k=1}^{n} (x_i - \overline{x})^r \qquad \text{(zentrales Moment)}$$

Das arithmetische Mittel entspricht dann dem gewöhnlichen ersten Moment:

$$(4.56)\quad m'_1 = \frac{1}{n} \sum_{i=1}^{n} x_i = \overline{x},$$

die Streuung dem zentralen zweiten Moment:

$$(4.57)\quad m_2 = \frac{1}{n} \sum_{i=1}^{n} (x_i - \overline{x})^2 = s^2 .$$

Das zentrale dritte Moment:

$$(4.58)\quad m_3 = \frac{1}{n} \sum_{i=1}^{n} (x_i - \overline{x})^3$$

findet als Maß der *Schiefe* Beachtung. Ist es kleiner Null, weist es auf eine linksschiefe, größer Null, auf eine rechtsschiefe, und gleich Null, auf eine symmetrische Verteilung hin.

Interessant ist auch, daß sich die nur mühsam berechenbaren zentralen Momente durch gewöhnliche Momente ausdrücken lassen. Diese Tatsache hilft im Einzelfall viel Rechenarbeit einzusparen. So läßt sich bspw. das zweite zentrale Moment durch zwei gewöhnliche beschreiben:

$$(4.59) \quad m_2 = \frac{1}{n} \sum_{i=1}^{n} (x_i - \overline{x})^2 = \frac{1}{n} \sum_{i=1}^{n} x_i^2 - \overline{x}^2 = m'_2 - (m'_1)^2$$ [1]

Für das dritte zentrale Moment folgt:

$$(4.60) \quad m_3 = \frac{1}{n} \sum_{i=1}^{n} (x_i - \overline{x})^3$$

$$= \frac{1}{n} \sum_{i=1}^{n} (x_i^3 - 3x_i^2\overline{x} + 3x_i\overline{x}^2 - \overline{x}^3)$$

$$= \frac{1}{n} \sum_{i=1}^{n} x_i^3 - 3\overline{x} \cdot \frac{1}{n} \sum_{i=1}^{n} x_i^2 + 3\overline{x}^3 - \overline{x}^3$$

$$= m'_3 - 3m'_1\, m'_2 + 2\,(m'_1)^3$$

Ganz allgemein gilt sogar:[2]

$$(4.61) \quad m_r = \frac{1}{n} \sum_{i=1}^{n} (x_i - \overline{x})^r = \frac{1}{n} \sum_{i=1}^{n} \left(\sum_{k=0}^{r} (-1)^{r-k} \cdot \binom{r}{k} \cdot \overline{x}^{r-k} \cdot x_i^k \right)$$

$$= \sum_{k=0}^{r} (-1)^{r-k} \cdot \binom{r}{k} \cdot \overline{x}^{r-k} \cdot \frac{1}{n} \sum_{i=1}^{n} x_i^k$$

$$= \sum_{k=0}^{r} (-1)^{r-k} \cdot \binom{r}{k} \cdot (m'_1)^{r-k} \cdot m'_k$$

Jedes zentrale Moment läßt sich also durch die Summe gewöhnlicher Momente beschreiben.

---

[1]) Zur Gleichheit von $\frac{1}{n} \sum_{i=1}^{n} (x_i - \overline{x})^2$ und $\frac{1}{n} \sum_{i=1}^{n} x_i^2 - \overline{x}^2$ siehe Gleichung (4.36).

[2]) Der Klammerausdruck ergibt sich durch Ausrechnung von $(x_i - \overline{x})^r$ mit

$$\binom{r}{k} := \frac{r!}{k!\,(r-k)!} = \frac{(1 \cdot 2 \cdot 3 \cdot \ldots \cdot r)}{(1 \cdot 2 \cdot \ldots \cdot k) \cdot (1 \cdot 2 \cdot \ldots \cdot (r-k))}$$

4 Hinweise zur Tabellentechnik

In Kapitel 3 haben wir die Häufigkeitstabelle als nützliches Ausgangsmaterial zur Konstruktion von Häufigkeits- und Verteilungsfunktion kennengelernt. Ferner erwies sie sich als gute Grundlage zur Berechnung des Modalwertes, des Medians und des Quartilsabstandes. In ähnlicher Weise helfen einfache *Rechentabellen,* kurze Rechenwege zu beschreiten und die Berechnungen fehlerfrei durchzuführen.

Prinzipiell sollte sich jede Spalte der Rechentabelle zusammensetzen aus einer Kopfzeile, die den Inhalt der Spalte charakterisiert, den Datenzeilen, einer Summenzeile und einer Durchschnittszeile, in der die Summe durch n dividiert wird.

Rechentabellenschema

Erklärung des Spalteninhalts
Datenzeilen
Summe
Summe/n

Beispiel 4.26: Einfache statistische Maßzahlen per Rechentabelle

Die statistische Abteilung eines Elektrounternehmens wird beauftragt, eine Analyse über die Lebensdauer der gefertigten Batterien durchzuführen. Die Statistiker erheben die Daten und stellen sie in Form einer Häufigkeitstabelle dar.

Lebensdauer Monate $[a_j^u; a_j^o)$	Anzahl Batterien n_j	relative Häufigkeit n_j/n	kumul rel. Häufigkeit z_j/n	Häufigkeitsdichte $n_j/(n \cdot \Delta_j)$
20 – 24	5	0,05	0,05	0,0125
24 – 28	20	0,20	0,25	0,0500
28 – 30	31	0,31	0,56	0,1550
30 – 32	19	0,19	0,75	0,0950
32 – 36	17	0,17	0,92	0,0425
36 – 40	8	0,08	1,00	0,0200
Σ	100	1,00		

Die Berechnung des arithmetischen Mittels, der Durchschnitts- und der Standardabweichung wird anhand einer Rechentabelle vollzogen:

Klassenmitten a_j	absolute Häufigk. n_j	$n_j \cdot a_j$	$\lvert a_j - \overline{x} \rvert$	$n_j \cdot \lvert a_j - \overline{x} \rvert$	$(a_j - \overline{x})^2$	$n_j(a_j - \overline{x})^2$
22	5	110	8	40	64	320
26	20	520	4	80	16	320
29	31	899	1	31	1	31
31	19	589	1	19	1	19
34	17	578	4	68	16	272
38	8	304	8	64	64	512
Σ	100	3 000	–	302	–	1 474
$\frac{1}{n}\Sigma$	–	30	–	3,02	–	14,7
		$\overline{x}$		s (Durchschn.-abweichung)		s^2 s=3,84 (Standard-abweichung)

Im Kopf der Tabelle wird zunächst versucht, die Summationskoeffizienten der einzelnen Rechenvorschriften (bspw. $n_j \cdot \lvert a_j - \overline{x} \rvert$) nachzubilden. Das kann einige zusätzliche Spalten für Zwischenrechnungen (hier: $\lvert a_j - \overline{x} \rvert$) erfordern, deren Summe und Durchschnitt nicht interessiert. Wird dann die Spalte mit der angestrebten Rechenvorschrift erreicht, wird die Summen- und Durchschnittsbildung vollzogen.

In der Durchschnittszeile steht dann die gesuchte Größe – hier:

$$s = \frac{1}{n} \sum_{i=1}^{n} n_j |a_j - \bar{x}|.$$

Kennt man für die einzelnen Klassen die genauen Mittelwerte $\bar{x}$ (nicht nur die Klassenmitte) und die Streuung s_j^2 (nicht nur die Streuung der Klassenmitten), dann lassen sich auch der Additionssatz für Mittelwerte und der Streuungszerlegungssatz tabellarisch nachvollziehen.

Beispiel 4.27: Streuungszerlegungssatz und Rechentabelle

$\bar{x}_j$	s^2_j	n_j	$n_j \cdot \bar{x}_j$	$n_j \cdot s^2_j$	$(\bar{x}_j - \bar{x}_G)$	$(\bar{x}_j - \bar{x}_G)^2$	$n_j(\bar{x}_j - \bar{x}_G)^2$
23,0	1,6	5	115	8,0	−7,47	55,80	279
27,5	3,8	20	550	76,0	−2,97	8,82	176,4
29,4	0,8	31	911,4	24,8	−1,07	1,14	35,3
31,2	0,8	19	592,8	15,2	0,73	0,53	10,1
33,8	3,8	17	574,6	64,6	3,33	11,09	188,5
37,9	3,3	8	303,2	26,4	7,43	55,20	441,6
Σ	–	100	3 047	215	–	–	1 130,9
$\frac{1}{n}$ Σ	–	1	30,47	2,15	–	–	11,31
			$\bar{x}_G$	s^2_{int}			s^2_{ext}

$$s^2_G = s^2_{int} + s^2_{ext} = 13,46$$

$$s_G = 3,67$$

5 Aufgaben, Literaturhinweise

Aufgaben

4.11) Um einen Überblick über den allgemeinen Kreditspielraum zu gewinnen, analysiert eine Geschäftsbank monatlich den Sichteinlagenbestand. In den letzten 6 Monaten lautete dieser wie folgt:

Monat	Sichteinlagenbestand [Mio. DM]
Januar	22
Februar	35
März	40
April	38
Mai	32
Juni	25

a) Bestimmen Sie unter Verwendung einer Rechentabelle den durchschnittlichen Sichteinlagenbestand (arithmetisches Mittel).

b) Errechnen Sie ebenfalls unter Verwendung der Rechentabelle die Streuung.

4.12) Ein Ökonom stellt Untersuchungen über die Stabilität der marginalen Konsumquote c einer Keynes'schen Konsumfunktion $C = C^a + c \cdot Y$ (C = Konsum, C^a = einkommensabhängiger Konsum, Y = Volkseinkommen) an.

In seinen Erhebungen ermittelte er für 200 Haushalte unterschiedlichen Einkommens die Grenzneigung zum Konsum (c):

Marginale Konsumquote	Anzahl der Haushalte
0,6 – 0,7	20
0,7 – 0,8	60
0,8 – 0,9	80
0,9 – 1,0	40

Bestimmen Sie das arithmetische Mittel der Konsumquoten und deren Variationskoeffizienten unter Verwendung der Zusatzinformation, daß die Standardabweichungen in den Klassen nacheinander 0,04; 0,05; 0,06; 0,05 betragen. Das arithmetische Mittel jeder Klasse entspricht der Klassenmitte. Benutzen Sie für Ihre Rechnungen eine Rechentabelle.

Literaturhinweise

Enrick, N. L.; Schäfer, W.: Entscheidungsorientierte Statistik, Heidelberg 1974

Heiler, S.; Rinne, H.: Einführung in die Statistik, Meisenheim am Glan 1976

Hochstädter, D.: Einführung in die statistische Methodenlehre, Frankfurt/M.-Bern-Las Vegas 1978

Menges, G.; Skala, H. J.: Grundriß der Statistik, Teil 2: Daten, Opladen 1973

Wallis, W. A.; Roberts, H. V.: Methoden der Statistik, 7. Aufl., Freiburg i. Br. 1980

Kapitel 5
KONZENTRATIONSMASSE

Besonders im Bereich des wirtschaftlichen Wettbewerbs und der Entwicklung stößt man immer wieder auf das Phänomen, daß sich ökonomische Potentiale (bspw. Vermögen) auf nur einige wenige Wirtschaftssubjekte (bspw. Haushalte) verteilen. In aller Regel ist diese *Konzentration* nicht das Ergebnis einer zufälligen Verteilung, sondern vielmehr das eines dynamischen Prozesses, der Wettbewerbs- oder Entwicklungsvorteile mit weiteren Vorteilen belohnt. Myrdal spricht in diesem Zusammenhang von einem kumulativen Prozeß zirkulärer Interdependenz[1]). Ein zunächst vorhandener Leistungsvorsprung (bspw. bessere Produktionstechnologie) führt zu einem Wettbewerbserfolg (bspw. höhere Gewinne aufgrund der durch die rationelle Herstellung größeren Gewinnspanne), der wiederum eine Vergrößerung des Leistungsvorsprungs bedingt (bspw. Investitionen in noch bessere Produktionstechnologie) und in weiteren, noch größeren Erfolgen mündet. Diese Spirale des Erfolgs – aber auch Mißerfolgs für den unterlegenen Konkurrenten – erzeugt somit zwangsläufig eine Konzentration ökonomischer Macht.

Konzentrationsvorgänge lassen sich durch die fortlaufende Berechnung von *Konzentrationsmaßzahlen* kontrollieren und gegebenenfalls korrigieren. Man unterscheidet *Kennziffern der absoluten Konzentration*, die die Konzentration eines Merkmals auf eine bestimmte Anzahl von Merkmalsträgern beschreiben, und *der relativen Konzentration,* die über die Konzentration eines Merkmals auf einen bestimmten Anteil der Gesamtheit informieren.

---

[1]) Myrdal, G.: Ökonomische Theorie und unterentwickelte Regionen, Frankfurt a.M. 1974

1 Maßzahlen der absoluten Konzentration

1.1 Der Konzentrationskoeffizient

Gleichermaßen einfach in der Berechnung und häufig in der Anwendung sind die sog. *Konzentrationskoeffizienten*. Mit ihnen läßt sich ermitteln, wieviel Prozent der *Merkmalssumme*, der Summe aller Merkmalswerte $\sum_{i=1}^{n} x_i$, eine vorgegebene Anzahl q der größten Merkmalsträger[1]) auf sich vereint.

Sind die Beobachtungswerte x_i in einer fallenden Folge (absteigende Rangwertreihe) angeordnet und aufgrund ihrer Verhältnisskalierung durchweg größer Null, dann bestimmt sich der Anteil p_i des i–tgrößten Merkmalsträgers an der Merkmalssumme nach:

$$(5.1) \qquad p_i := \frac{x_i}{\sum_{k=1}^{n} x_k}$$

Die Konzentrationsrate c(q) berechnet sich dann über die Anteilssumme der q größten Trägereinheiten:

Ermittlung des Konzentrationskoeffizienten:

$$(5.2) \qquad c(q) := \sum_{i=1}^{q} p_i \qquad q \in \{1, 2, \ldots, n\} \quad \text{(absteigende Rangwertreihe)}$$

Beispiel 5.1: Der Konzentrationskoeffizient

Ein oligopolitischer Markt wird von zehn Anbietern versorgt. Im Jahr 1981 wiesen sie folgende Umsätze und Beschäftigtenzahlen auf:

---

[1]) Der Ausdruck „größter Merkmalsträger" meint in diesem Zusammenhang denjenigen Merkmalsträger, der das Merkmal in der größten Ausprägung trägt.

Anbieter	Beschäftigte	Umsatz [Mio. DM]
1	300	520
2	60	65
3	30	20
4	200	400
5	10	10
6	30	30
7	20	20
8	130	200
9	40	45
10	80	90

Wir bestimmen die Konzentrationsrate c(3).

Dazu sind zunächst die Beobachtungswerte in eine absteigende Rangwertreihe zu bringen, die folgendes Aussehen hat:

	x_1	x_2	x_3	x_4	x_5	x_6	x_7	x_8	x_9	x_{10}
Beschäftigte	300	200	130	80	60	40	30	30	20	10
Umsatz	520	400	200	90	65	45	30	20	20	10

Die Merkmalssummen betragen:

Beschäftigte: $\sum_{i=1}^{n} x_i = 900$, Umsatz: $\sum_{i=1}^{n} x_i = 1\,400$,

so daß die Konzentrationskoeffizienten c(3)

$$\text{Beschäftigte:} \quad c(3) = \left(\frac{300}{900} + \frac{200}{900} + \frac{130}{900}\right) = 0{,}7$$

$$\text{Umsatz:} \quad c(3) = \left(\frac{520}{1400} + \frac{400}{1400} + \frac{200}{1400}\right) = 0{,}8$$

sind.

Die 3 größten Unternehmen haben also einen Gesamtumsatzanteil von 80, einen Gesamtbeschäftigtenanteil von 70 Prozent.

Konzentrationskoeffizienten werden insbesondere von der Monopolkommission, die über die Vermachtung bundesrepublikanischer

Märkte wacht, fortlaufend neu berechnet[1]). Datenschutzgesichtspunkte verhindern jedoch eine Bestimmung von Konzentrationsraten auf der Basis des einen oder der zwei größten Unternehmer. Daher taucht in den Veröffentlichungen der Monopolkommission ständig wieder der Konzentrationskoeffizient c(3) auf.

Neben den Vorzügen der leichten Berechenbarkeit und der Anschaulichkeit weist der Konzentrationskoeffizient den entscheidenden Nachteil auf, daß in ihm nur die q größten Merkmalsträger Berücksichtigung finden. Ob sich der Rest der Merkmalssumme auf einen weiteren großen oder aber vielen kleinen Trägern aufteilt, beeinflußt diese Maßzahl nicht. Herfindahl[2]) und Hirschman[3]) haben der Konzentrationsrate ein eigenes Maß gegenübergestellt, das diesen Mangel nicht aufweist.

1.2 Der Herfindahl-Index

Herfindahl hat im Jahre 1950 die Konzentration in der US-Stahlindustrie untersucht. Als Konzentrationsmaß wählte er die Summe der quadrierten Merkmalsanteile an der Merkmalssumme.

Ermittlung des Herfindahl-Indexes:

$$(5.3) \qquad c := \sum_{i=1}^{n} p_i^2 \qquad \text{(Urliste)}$$

Zum besseren Verständnis dieses Indexes zerlegen wir ihn in seine Einzelteile, indem wir p_i gemäß (5.1) ersetzen:

$$(5.4) \qquad c = \sum_{i=1}^{n} \left(\frac{x_i}{\sum_{k=1}^{n} x_k} \right)^2 = \frac{1}{(\sum_{k=1}^{n} x_k)^2} \cdot \sum_{i=1}^{n} x_i^2 = \frac{\sum_{i=1}^{n} x_i^2}{(\sum_{i=1}^{n} x_i)^2}$$

---

[1]) Vgl. Monopolkommission, Hauptgutachten 1973/75, Mehr Wettbewerb ist möglich, Baden-Baden.

[2]) Herfindahl, O.: Concentration in the steel industry, Dissertation Columbia-University 1950.

[3]) Hirschman, H. O.: National Power and the Structure of Foreign Trade, Berkeley–Los Angeles 1945.

Der Herfindahl-Index ist also das Verhältnis zwischen der Summe der quadrierten Merkmalswerte und dem Quadrat der summierten Merkmalswerte. Das Quadrat der summierten Merkmalswerte entspricht der Fläche des in Abb. 37 dargestellten großen Vierecks mit den Kantenlängen $\sum_{i=1}^{n} x_i$. Die waagerecht schraffierten kleinen Flächen stellen jeweils das Quadrat eines Merkmalswertes dar. Die Gesamtfläche der waagerecht schraffierten Quadrate entspricht also der Summe der quadrierten Markmalswerte $\sum_{i=1}^{n} x_i^2$, so daß das Verhältnis zwischen der Fläche des großen Quadrates und der der kleinen Quadrate die Größe der Herfindahl-Indexes beschreibt.

Abbildung 37: Veranschaulichung des Herfindahl-Indexes

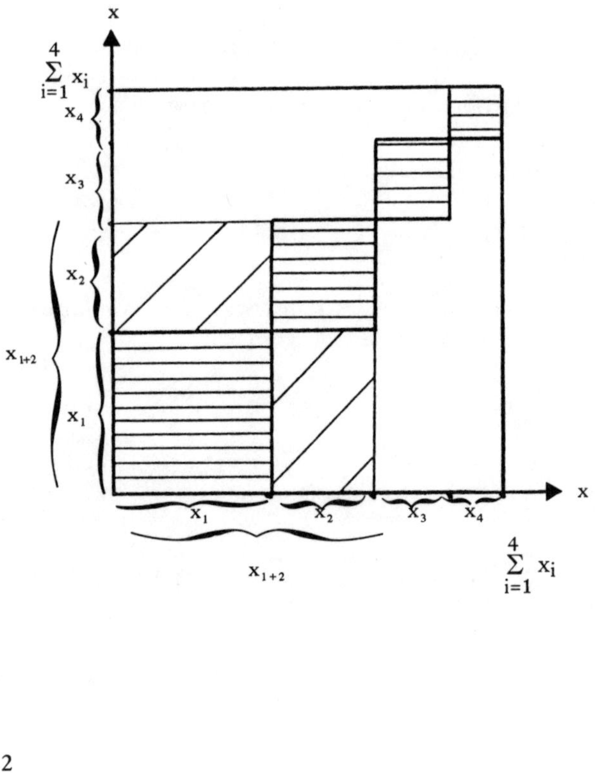

Leicht einzusehen ist nach dem Studium der Abbildung dreierlei:

1. Der Herfindahl-Index wird maximal 1, wenn ein Merkmalsträger die gesamte Merkmalssumme besitzt (totale Konzentration).

2. Zu vorgegebenen n ist er minimal, wenn alle x_i gleichgroß ($x_i = x$ für alle i) sind. Dann gilt:

$$(5.5) \qquad c = \frac{\sum_{i=1}^{n} \bar{x}^2}{(\sum_{i=1}^{n} x_i)^2} = \frac{n \cdot \bar{x}^2}{(n \cdot \bar{x})^2} = \frac{1}{n}$$

   Unter Voraussetzung dieser Gleichverteilung wird er insgesamt minimal – er konvergiert gegen Null –, wenn n gegen Unendlich strebt.

3. Die Fusion zweier Merkmalsträger (bspw. zweier Unternehmen) erhöht den Index. Werden bspw. x_1 und x_2 zu x_{1+2} zusammengefaßt, dann erhöht sich die Quadratssumme um die schräg schraffierten Flächen.

Beispiel 5.2: Der Herfindahl-Index

Zu den Daten des Beispiels 5.1 berechnen sich die Herfindahl-Indices zu:

Beschäftigte Umsatz

i	x_i	p_i	p_i^2	x_i	p_i	p_i^2
1	300	0,333	0,1109	520	0,371	0,1376
2	200	0,222	0,0493	400	0,286	0,0818
3	130	0,144	0,0207	200	0,143	0,0204
4	80	0,089	0,0079	90	0,064	0,0041
5	60	0,067	0,0045	65	0,046	0,0021
6	40	0,044	0,0019	45	0,032	0,0010
7	30	0,033	0,0011	30	0,021	0,0004
8	30	0,033	0,0011	20	0,014	0,0002
9	20	0,022	0,0005	20	0,014	0,0002
10	10	0,011	0,0001	10	0,007	0,0000
Σ	900	–	0,1980	1 400	–	0,2478
			c			c

Wiederum wird beim Umsatz eine stärkere Konzentration ausgewiesen.

1.3 Der Exponentialindex

Der Exponentialindex ist das Ergebnis des Versuchs, ein Konzentrationsmaß axiomatisch zu begründen[1]). Neben mathematischen Ansprüchen genügt er einigen anderen plausiblen Forderungen, die die Veränderung des Indexes bei der Fusion zweier Merkmalsträger betreffen.

> Ermittlung des Exponentialindexes:
>
> (5.6) $c := \prod_{i=1}^{n} p_i^{\,p_i}$ (Urliste)

Die Größe dieser Maßzahl bewegt sich zwischen $\frac{1}{n}$ – wenn alle p_i gleich sind, gilt: $c = \prod_{i=1}^{n} (\frac{1}{n})^{\frac{1}{n}}$ – und 1 – wenn ohne Beschränkung der Allgemeinheit $p_1 = 1$ und $p_i = 0$ für i=2, . . . , n gesetzt wird, folgt: $1^1 \cdot 0^0 \cdot \ldots \cdot 0^0 = 1$.

Beispiel 5.3: Der Exponentialindex

Zu den Daten des Beispiels 5.1 berechnen sich die Exponentialindices zu:

	Beschäftigte			Umsatz		
i	x_i	p_i	$p_i^{p_i}$	x_i	p_i	$p_i^{p_i}$
1	300	0,333	0,6934	520	0,371	0,6922
2	200	0,222	0,7160	400	0,286	0,6991
3	130	0,144	0,7565	200	0,143	0,7572
4	80	0,089	0,8063	90	0,064	0,8387
5	60	0,067	0,8343	65	0,046	0,8679
6	40	0,044	0,8716	45	0,032	0,8957
7	30	0,033	0,8935	30	0,021	0,9221
8	30	0,033	0,8935	20	0,014	0,9420
9	20	0,022	0,9195	20	0,014	0,9420
10	10	0,011	0,9516	10	0,007	0,9659
Σ	900	–	–	1 400	–	–
π	–	–	0,1538	–	–	0,1888
			c			c

[1]) Vgl. Jöhnk, M.-D.: Eine axiomatisch begründete Methode der Konzentrationsmessung, Institut für Angewandte Statistik der Freien Universität Berlin 1970.

Logarithmiert man den Exponentialindex zur Basis zwei:

$$(5.7) \qquad \log c = \log \left(\prod_{i=1}^{n} p_i^{\,p_i} \right) = \sum_{i=1}^{n} p_i \cdot \log p_i,$$

so fällt seine Verwandtschaft mit der *Entropie*[1]) auf, die als Dekonzentrationsmaß der Molekularphysik bekannt ist.

2 Maßzahlen der relativen Konzentration

2.1 Die Lorenzkurve

Relative Konzentrationsaussagen legen dar, wieviel Prozent der Merkmalssumme von einem vorgegebenen Prozentsatz der Merkmalsträger in Besitz genommen ist. Demnach benötigen wir zur Formulierung von relativen Konzentrationsaussagen stets den Anteil der Merkmalswerte an der Merkmalssumme p_i und den Anteil eines Merkmalsträgers an der Gesamtheit $\frac{1}{n}$.

Wir stellen uns die x_i wieder geordnet vor, diesmal jedoch in einer aufsteigenden Rangwertreihe. Wenn wir in einem Koordinatensystem entlang der Abszisse den kumulierten Anteil der Merkmalsträger:

Ermittlung der Abszissenwerte der Lorenzkurve aus der Urliste:

$$(5.8) \qquad u_i := \frac{i}{n} \qquad (i=1, \ldots, n),$$

entlang der Ordinate den kumulierten Anteil an der Merkmalssumme:

Ermittlung der Ordinatenwerte der Lorenzkurve aus der Urliste:

$$(5.9) \qquad t_i := \frac{\sum_{k=1}^{i} x_k}{\sum_{k=1}^{n} x_k} = \sum_{k=1}^{i} p_k \qquad (i=1, \ldots, n)$$

---

[1]) Die Entropie ist definiert als: $E := \sum_{i=1}^{n} p_i \cdot \log p_i$. Vgl. Menges, G.; Skala, H. J.: Grundriß der Statistik, Teil 2: Daten, Opladen 1973, S. 359 ff.

abtragen, erhalten wir durch die Verbindung der entstehenden Koordinatenpunkte (0 ; 0), $(u_1 ; t_1)$, $(u_2 ; t_2)$, . . . , $(u_n ; t_n)$ die *Lorenzkurve*. Sie ist benannt nach M. O. Lorenz, der sie zur Analyse von Vermögenskonzentrationen benutzte.

Unterstellen wir eine gleichmäßige Verteilung der Umsätze und Beschäftigten zwischen den 10 Marktanbietern des Beispiels 5.1, so gilt $x_i = \overline{x}$ für alle i, so daß

$$(5.10) \quad t_i = \frac{\sum_{k=1}^{i} \overline{x}}{\sum_{k=1}^{n} x_k} = \frac{i\,\overline{x}}{n\,\overline{x}} = \frac{i}{n}$$

ist. Die zu verbindenden Punkte (0;0), $(\frac{1}{n};\frac{1}{n})$, $(\frac{2}{n};\frac{2}{n})$, . . . , $(\frac{n-1}{n};\frac{n-1}{n})$, (1;1) liegen auf der Geraden t = u (vgl. Abb. 38), die damit die Gleichverteilung des Merkmalsbetrages charakterisiert.

Gehen wir jedoch von der tatsächlichen Verteilung von Umsatz und Beschäftigung aus, so gewinnt die Lorenz-Kurve folgendes Aussehen:

Beispiel 5.4.: Die Lorenzkurve

	Beschäftigte				Umsatz			
i	x_i	u_i	p_i	t_i	x_i	u_i	p_i	t_i
1	10	0,1	0,011	0,011	10	0,1	0,007	0,007
2	20	0,2	0,022	0,033	20	0,2	0,014	0,021
3	30	0,3	0,033	0,067	20	0,3	0,014	0,036
4	30	0,4	0,033	0,100	30	0,4	0,021	0,057
5	40	0,5	0,044	0,144	45	0,5	0,032	0,089
6	60	0,6	0,067	0,211	65	0,6	0,046	0,136
7	80	0,7	0,089	0,300	90	0,7	0,064	0,200
8	130	0,8	0,144	0,444	200	0,8	0,143	0,343
9	200	0,9	0,222	0,667	400	0,9	0,286	0,629
10	300	1,0	0,333	1,000	520	1,0	0,371	1,000
Σ	900	–	1,000	–	1400	–	1,000	–
		u_i		t_i		u_i		t_i

Abbildung 38: Die Lorenzkurve

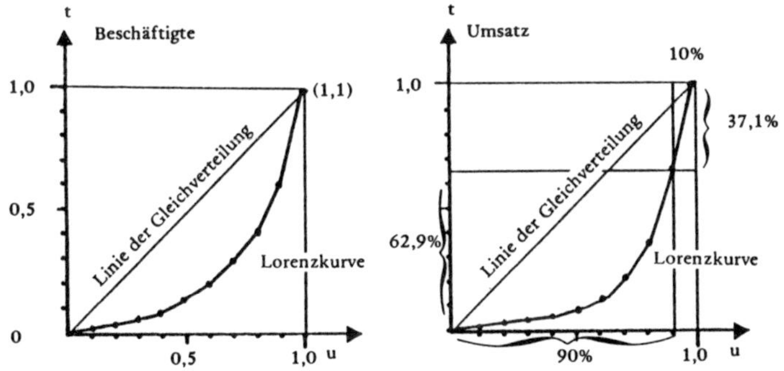

An der Lorenzkurve läßt sich direkt ablesen, wieviel Prozent der Merkmalsträger wieviel Prozent der Merkmalssumme auf sich vereinigen. Im Beispiel 5.4 erwirtschaften 90 Prozent der Unternehmen 62,9 Prozent des Umsatzes, oder interessanter: beim verbleibenden Rest von 10 Prozent der Unternehmen fällt ein Umsatzanteil von 37,1 Prozent an.

Die Lorenzkurve ist auch bei Vorlage klassierten Merkmals konstruierbar, dann definieren wir allerdings p_j als Anteil des Merkmalsbetrages einer Klasse an der Merkmalssumme, u_j als kumulierte relative Häufigkeit und t_j als kumulierte relative Merkmalssumme:

(5.11) $$p_j := \frac{n_j \cdot a_j}{\sum\limits_{k=1}^{m} n_k a_k} \qquad (j=1, \ldots, m) \quad \text{(Häufigkeitstabelle)}$$

Ermittlung der Abszissen- und Ordinatenwerte der Lorenzkurve aus der Häufigkeitstabelle:

(5.12) $$u_j := \frac{z_j}{n} \qquad (j=1, \ldots, m)$$

(5.13) $$t_j := \frac{\sum\limits_{k=1}^{j} n_k a_k}{\sum\limits_{k=1}^{m} n_k a_k} = \sum_{k=1}^{j} p_k \qquad (j=1, \ldots, m)$$

Die Kurve ergibt sich als Verbindung der Punkte $(0;0)$, $(u_1;t_1)$, $(u_2;t_2), \ldots, (u_m;t_m)$.

Offensichtlich entfernt die Lorenzkurve sich umso weiter von der Linie der Gleichverteilung, je stärker die Konzentration der Merkmalssumme auf die Merkmalsträger ist. Dementsprechend sinkt auch die Fläche unterhalb der Kurve. Um diese Fläche bestimmen zu können, ist zunächst eine genaue Funktionsbeschreibung des Graphen vorzunehmen. Dazu wird von in Urlistenform vorliegendem Datenmaterial ausgegangen.

Abbildung 39: Zur Ermittlung der Funktionsformel der Lorenzkurve

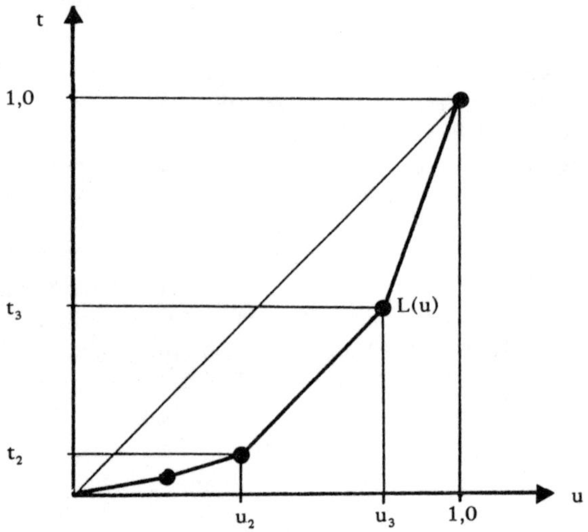

Aus der Abbildung läßt sich leicht ablesen, daß die Funktionsformel L(u) eine Folge von Geradengleichungen $g_i(u)$ der Art:

$$(5.14) \quad g_i(u) = t_{i-1} + \frac{t_i - t_{i-1}}{u_i - u_{i-1}} \cdot (u - u_{i-1}) \quad \text{für } u_{i-1} \leq u \leq u_i$$

enthält. Für $i = 3$ ergibt sich genau der in der Abbildung dargestellte Fall. Berücksichtigt man, daß der Unterschied zwischen t_i und t_{i-1} genau p_i und der zwischen u_i und u_{i-1} genau $\frac{1}{n}$ ist, so erhält man:

(5.15) $g_i(u) = t_{i-1} + p_i \cdot n \cdot (u - u_{i-1})$ für $u_{i-1} \leqslant u \leqslant u_i$.

Die Lorenzkurve wird dann durch die nachfolgende Funktionsformel beschrieben:

(5.16)
$$L(u) = \begin{cases} t_0 + p_1 n \cdot (u - u_0) & 0 \leqslant u \leqslant u_1 \;^{1)} \\ t_1 + p_2 n \cdot (u - u_1) & u_1 \leqslant u \leqslant u_2 \\ \vdots & \vdots \\ t_{i-1} + p_i n \cdot (u - u_{i-1}) & u_{i-1} \leqslant u \leqslant u_i \\ \vdots & \vdots \\ t_{n-1} + p_n n \cdot (u - u_{n-1}) & u_{n-1} \leqslant u \leqslant 1. \end{cases}$$

Die Fläche unterhalb der Lorenzkurve bestimmt sich über das Integral:

(5.17)
$$\int_0^1 L(u)\,du = \sum_{i=1}^{n} \int_{u_{i-1}}^{u_i} (t_{i-1} + p_i n \cdot (u - u_{i-1}))\,du.$$

Wir lösen das Teilintegral:

(5.18)
$$\int_{u_{i-1}}^{u_i} (t_{i-1} + p_i n \cdot (u - u_{i-1}))\,du = \int_{u_{i-1}}^{u_i} (t_{i-1} - p_i n u_{i-1} + p_i n u)\,du$$

$$= \int_{u_{i-1}}^{u_i} (t_{i-1} - p_i n u_{i-1})\,du + \int_{u_{i-1}}^{u_i} p_i n u\,du$$

$$= (t_{i-1} - p_i n u_{i-1}) \cdot \int_{u_{i-1}}^{u_i} 1\,du + p_i n \cdot \int_{u_{i-1}}^{u_i} u\,du$$

$$= (t_{i-1} - p_i n u_{i-1}) \cdot (u_i - u_{i-1}) + p_i n \cdot \left(\frac{1}{2}u^2_i - \frac{1}{2}u^2_{i-1}\right)$$

---

[1]) Wir definieren: $u_0 := 0$, $t_0 := 0$.

Ersetzen wir jetzt u_i und t_i gemäß (5.8) und (5.9), so erhalten wir (vgl. Abb. 40):

$$(5.19) \quad \int_{u_{i-1}}^{u_i} (t_{i-1} + p_i(u - u_{i-1}))\, du$$

$$= \Big(\sum_{k=1}^{i-1} p_k - p_i \cdot n\Big(\frac{i-1}{n}\Big)\Big) \cdot \frac{1}{n} + p_i n \cdot \Big(\frac{1}{2} \cdot \Big(\frac{2i-1}{n^2}\Big)\Big)$$

$$= \frac{1}{n} \sum_{k=1}^{i-1} p_k + \frac{p_i}{2n} \cdot ((2i-1) - (2i-2))$$

$$= \frac{1}{n} \Big(\sum_{k=1}^{i-1} p_k + \frac{p_i}{2}\Big)$$

Abbildung 40: Die Fläche unter einem Teilstück der Lorenzkurve

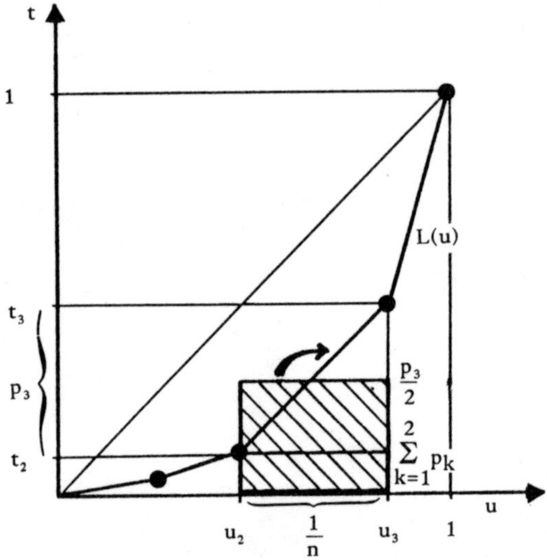

Die Fläche unterhalb der Lorenzkurve ergibt sich dann als:

$$(5.20) \quad \int_0^1 L(u)\, du = \frac{1}{n} \sum_{i=1}^{n} \Big(\sum_{k=1}^{i-1} p_k + \frac{p_i}{2}\Big)$$

$$= \frac{1}{n} \sum_{i=1}^{n} \sum_{k=1}^{i-1} p_k + \frac{1}{2n} \sum_{i=1}^{n} p_i$$

$$= \frac{1}{n} \; [p_1) + (p_1 + p_2) + (p_1 + p_2 + p_3) + \ldots$$

$$+ (p_1 + \ldots + p_{n-1})] + \frac{1}{2n} \sum_{i=1}^{n} p_i$$

$$= \frac{1}{n} \sum_{i=1}^{n} p_i \cdot (n-i) + \frac{1}{2n} \sum_{i=1}^{n} p_i$$

$$= (1 + \frac{1}{2n}) \sum_{i=1}^{n} p_i - \frac{1}{n} \sum_{i=1}^{n} p_i \cdot i$$

$$= (1 + \frac{1}{2n}) - \frac{1}{n} \sum_{i=1}^{n} p_i \cdot i \; ^{1})$$

2.2 *Der Gini-Koeffizient*

Es liegt nahe, ein relatives Konzentrationsmaß über die Fläche unterhalb der Lorenzkurve zu definieren. Der *Gini-Koeffizient* nutzt die Flächenaussage (5.17) aus; er definiert sich wie folgt:

$$(5.21) \quad c := \frac{\text{Fläche zwischen Gleichverteilungslinie u. Lorenzkurve}}{\text{Fläche unterhalb der Gleichverteilungslinie}}$$

Da die Fläche unterhalb der Gleichverteilungslinie

$$\int_0^1 u \, du = \frac{1}{2} \cdot 1^2 - \frac{1}{2} \cdot 0^2 = \frac{1}{2}$$

ist, lautet seine formale Struktur:

$$(5.22) \quad c = \frac{\frac{1}{2} - (1 + \frac{1}{2n}) + \frac{1}{n} \sum_{i=1}^{n} p_i \cdot i}{\frac{1}{2}}$$

$$= \frac{n - 2n - 1 + 2 \sum_{i=1}^{n} p_i \cdot i}{n} = \frac{2 \sum_{i=1}^{n} p_i \cdot i - (n+1)}{n}$$

---

1) $\sum_{i=1}^{n} p_i = \sum_{i=1}^{n} \left(\frac{x_i}{\sum_{k=1}^{n} x_k} \right) = \frac{1}{\sum_{k=1}^{n} x_k} \cdot \sum_{i=1}^{n} x_i = 1$

Ermittlung des Gini-Koeffizienten aus der Urliste:

$$(5.23)\quad c = \frac{2}{n} \sum_{i=1}^{n} p_i \cdot i - 1 - \frac{1}{n}$$

bzw.

$$c = \frac{2}{n} \cdot \frac{\sum_{i=1}^{n} x_i \cdot i}{\sum_{i=1}^{n} x_i} - 1 - \frac{1}{n}$$

Liegt das Datenmaterial bereits aggregiert in Häufigkeitstabellen vor, so berechnet sich der Gini-Koeffizient gemäß (vgl. Lösung Aufg. 5.3):

Ermittlung des Gini-Koeffizienten aus der Häufigkeitstabelle:

$$(5.24)\quad c = \frac{2}{n} \sum_{j=1}^{m} p_j \cdot (z_j - \frac{n_j}{2}) - 1$$

bzw.

$$c = \frac{2}{n} \cdot \frac{\sum_{j=1}^{m} n_j \cdot a_j (z_j - \frac{n_j}{2})}{\sum_{j=1}^{m} n_j \cdot a_j} - 1$$

Beispiel 5.5: Der Gini-Koeffizient

Zu den Daten des Beispiels 5.1 wird der Beschäftigtenindex nach (5.23), der Umsatzindex nach (5.22) berechnet:

i	Beschäftigte x_i	$x_i \cdot i$	Umsatz x_i	p_i	$p_i \cdot i$
1	10	10	10	0,007	0,007
2	20	40	20	0,014	0,028
3	30	90	20	0,014	0,042
4	30	120	30	0,021	0,084
5	40	200	45	0,032	0,160
6	60	360	65	0,046	0,276
7	80	560	90	0,064	0,448
8	130	1040	200	0,143	1,144
9	200	1800	400	0,286	2,574
10	300	3000	520	0,371	3,710
Σ	900	7220	1400	–	8,473

Beschäftigte: $c = \frac{2 \cdot 7\,220 - 11 \cdot 900}{10 \cdot 900} = 0{,}5044$

Umsatz: $c = \frac{2 \cdot 8{,}473 - 11}{10} = 0{,}5946$

Der Gini-Koeffizient nimmt als kleinsten den Wert Null an, wenn alle x_i gleichgroß sind ($x_i = \bar{x}$), als größten Wert $\frac{n-1}{n}$ – also fast 1 –, wenn alle x_i bis auf x_n Null sind; x_n vereinnahmt dann den gesamten Merkmalsbetrag für sich.

Nicht versäumt werden soll, auf einen entscheidenden Nachteil des Gini-Maßes und der Lorenzkurve gleichermaßen hinzuweisen. Relative Konzentrationsmaße untersuchen die Aufteilung der Merkmalssumme auf Anteile der Merkmalsträgerschaft. Gerade im Verlauf des Konzentrationsprozesses auf Märkten kommt es immer wieder zu Marktaustritten von Anbietern, die nur einen verschwindend geringen Anteil an der Merkmalssumme (bspw. Umsatz) haben. Solange diese noch präsent sind, suggerieren Lorenzkurve und Gini-Index eine hohe Konzentration, sobald sie aber ausscheiden, bezieht sich das Konzentrationsmaß auf eine kleinere Anzahl von Merkmalsträgern und sinkt, obwohl eine weitere Konzentration platzgegriffen hat. Verschiedentlich wird vorgeschlagen[1]), normativ vorzugehen und für die Markte unter Wettbewerbsgesichtspunkten optimale Anbieterzahlen n_0 festzulegen. Wird diese Anbieterzahl unterschritten, werden in der statistischen Analyse dem Markt $n_0 - n$ fiktive Anbieter zugewiesen, die alle die Merkmalsausprägung $x_i = 0$ aufweisen. Auf diese Weise gelangt man wieder zu einem absoluten Konzentrationsmaß.

2.3 *Der maximale Nivellierungssatz*

Nicht selten wird der Statistiker bei der Bestimmung der Lorenzkurve oder des Gini-Koeffizienten auf das Problem stoßen, daß nicht alle Informationen, die er zur Berechnung benötigt, ihm zugänglich sind. Insbesondere kleine Merkmalsträger werden häufig bei der amtlichen Statistik übergangen, da meist die Merkmalswerte erst ab einer gewissen Mindestgröße erhoben werden. Kennt man die Lorenzkurve nur im mittleren und evtl. oberen Bereich, so schlagen Menges/Kolbeck[2]) vor, den maximalen Abstand zwischen Lorenzkurve und Gleichverteilungslinie zu bestimmen. Unterstellt man eine stetig differenzierbare Lorenzkurve, dann gilt für die Steigung des auf der Lorenzkurve gelegenen Punktes x_i: $\frac{dL(u)}{du} = 1$. Gleichzeitig

[1]) Munzner, H.: Probleme der Konzentrationsmessung, Allgemeines Statistisches Archiv 47, 1963, S. 1–9.

[2]) Menges, G.; Kolbeck, H.: Löhne und Gehälter nach den beiden Weltkriegen, Tabellen und Schaubilder aufgrund statistischer Untersuchungen, Meisenheim am Glan 1958.

hat das zu ihm korrespondierende, natürlich nur noch in einer infinitesimalen Umgebung von ihm definierte Geradenstück die Steigung: $\frac{dg_{i*}(u)}{du} = p_{i*} \cdot n$. Es folgt nach Gleichsetzung:

$$(5.25) \quad \frac{x_{i*}}{\sum_{k=1}^{n} x_k} \cdot n = 1 \qquad \text{bzw.} \quad x_{i*} = \overline{x}$$

x_{i*} ist also das arithmetische Mittel. Für den Abstand zwischen dem Tangentialpunkt und der Gleichverteilungslinie, den sog. *maximalen Nivellierungssatz c*, gilt (vgl. Abb. 41):

$$(5.26) \quad c := u_{i*} - t_{i*} = \frac{i^*}{n} - \sum_{k=1}^{i^*} p_k$$

$$= \frac{\frac{i^*}{n} \cdot \sum_{k=1}^{n} x_k}{\sum_{k=1}^{n} x_k} - \frac{\sum_{k=1}^{i^*} x_k}{\sum_{k=1}^{n} x_k} = \frac{1}{\sum_{k=1}^{n} x_k} \left(i^* \cdot \overline{x} - \sum_{k=1}^{i^*} x_k\right)$$

Ermittlung des maximalen Nivellierungssatzes:

$$(5.27) \quad c = \frac{\sum_{k=1}^{i^*} (\overline{x} - x_k)}{\sum_{k=1}^{n} x_k} \qquad \text{(Rangwertreihe)}$$

Dieser maximale Längenabstand gibt also an, der wievielte Teil der Merkmalssumme umverteilt werden muß, um zu einer Gleichverteilung zu gelangen.

Beispiel 5.6: Maximaler Nivellierungssatz

Die graphische Ermittlung des maximalen Nivellierungssatzes mit den Abbildungen 38 führt auf 40 Prozent bei den Beschäftigten und 45 Prozent beim Umsatz.

Abbildung 41: Maximaler Nivellierungssatz

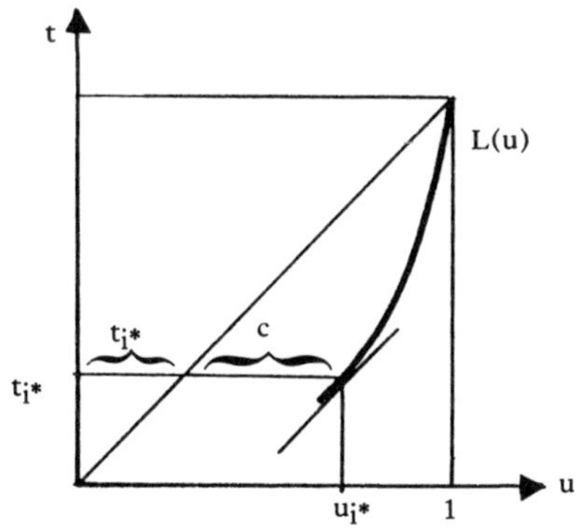

3 Zusammenfassung, Aufgaben, Literaturhinweise

Zusammenfassung

- *Definition 5.1:* Die **absolute Konzentration** ist die Verteilung eines großen Teils des Merkmalsbetrages $\sum_{i=1}^{n} x_i$ auf eine geringe Anzahl von Merkmalsträgern.

  Die **relative Konzentration** ist die Verteilung eines großen Teils des Merkmalsbetrages auf einen geringen Anteil der Merkmalsträger.

- *Definition 5.2:* Der **Konzentrationskoeffizient** mißt den Anteil einer vorgegebenen Anzahl q größter Merkmalsträger am Merkmalsbetrag:

$$c(q) := \frac{\sum_{i=1}^{q} x_i}{\sum_{i=1}^{n} x_i} = \sum_{i=1}^{q} p_i \qquad q \in \{1, 2, \ldots, n\}$$

- *Definition 5.3:* Der **Herfindahl-Index** summiert die quadrierten Anteile p_i^2 der einzelnen Merkmalsträger am Merkmalsbetrag:

$$c := \frac{\sum_{i=1}^{n} x_i^2}{(\sum_{i=1}^{n} x_i)^2} = \sum_{i=1}^{n} p_i^2$$

● *Definition 5.4:* Der **Exponentialindex** ist das Produkt exponentiell gewichteter Merkmalsbetragsanteile:

$$c := \prod_{i=1}^{n} p_i^{p_i}$$

● *Definition 5.5:* Die **Lorenzkurve** L(u) beschreibt, welcher Anteil des Merkmalsbetrages auf einen vorgegebenen Anteil der kleinsten Merkmalsträger entfällt.

Abbildung 42

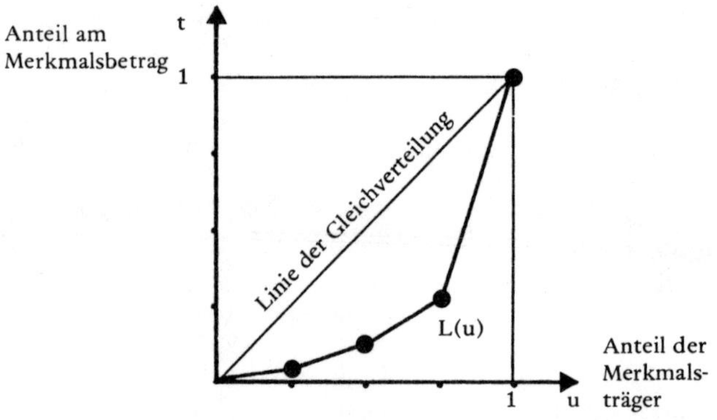

● *Definition 5.6:* Der **Gini-Koeffizient** mißt den Anteil der Fläche zwischen der Gleichverteilungslinie und der Lorenzkurve an der Gesamtfläche unterhalb der Gleichverteilungslinie.

$$c = \begin{cases} \frac{2}{n} \cdot \frac{\sum_{i=1}^{n} x_i \cdot i}{\sum_{i=1}^{n} x_i} - 1 - \frac{1}{n} = \frac{2}{n} \cdot \sum_{i=1}^{n} p_i \cdot i - 1 - \frac{1}{n} & \text{(für Urliste)} \\[2ex] \cong \frac{2}{n} \frac{\sum_{j=1}^{m} n_j a_j (z_j - \frac{n_j}{2})}{\sum_{j=1}^{m} n_j \cdot a_j} - 1 = \frac{2}{n} \sum_{j=1}^{m} p_j \cdot (z_j - \frac{n_j}{2}) - 1 & \text{(für Häufigkeitstabelle)} \end{cases}$$

● *Definition 5.7:* Der **maximale Nivellierungssatz** mißt den Anteil des Merkmalsbetrages, der umzuverteilen ist, um eine gleichgroße Merkmalsausprägung bei allen Merkmalsträgern zu erreichen:

$$c = \frac{\sum_{k=1}^{i^*} (\bar{x} - x_k)}{\sum_{k=1}^{n} x_k} = \frac{i^*}{n} - \sum_{k=1}^{i^*} p_k$$

i^* ist der Index jenes Merkmalswertes, der gerade noch kleiner oder gleich dem arithmetischen Mittel der Merkmalswerte ist.

Der maximale Nivellierungssatz entspricht dem maximalen horizontalen Abstand zwischen Lorenzkurve und Gleichverteilungslinie.

Aufgaben

5.1) Von den Entwicklungsländern wird zur Entschuldigung ihrer Devisenknappheit vorgebracht, daß die Konzentration der Weltausfuhr im Myrdal'schen Sinne zwangsläufig stets zunehmen müsse.

Für 1970 und 1980 ergaben sich folgende Weltausfuhranteile:

	1970	1980
westliche Industrieländer	0,716	0,633
Staatshandelsländer	0,041	0,038
Entwicklungsländer	0,12	0,119
Ölländer	0,057	0,133
Rest	0,066	0,077

Quelle: UNO

Können Sie dieser These nach Berechnung

a) der Konzentrationskoeffizienten c (2)

b) des Herfindahl- und Exponentialindexes

c) des Gini-Koeffizienten

d) des maximalen Nivellierungssatzes

zustimmen?

5.2) Die Einkommensschichtung der privaten Haushalte für 1980 lautete:

Monatliches Einkommen [DM]	Anzahl der Haushalte [1 000]
[0; 1 000)	1754
[1 000; 2 000)	6941
[2 000; 3 000)	5552
[3 000; 4 000)	4127
[4 000; 6 000)	3622
[6 000; 20 000]	1894

Quelle: IDW

a) Konstruieren Sie die Lorenzkurve.

b) Berechnen Sie den Gini-Koeffizienten.

5.3*) Weisen Sie die Allgemeingültigkeit der Beziehung (5.24) zur Berechnung des Gini-Koeffizienten nach.

Literaturhinweise

Bamberg, G.; Baur, F.: Statistik, München-Wien 1980
Bruckmann, G.: Einige Bemerkungen zur statistischen Messung der Konzentration, Metrika 14, 1969, 183–213
Jöhnk, M.-D.: Eine axiomatisch begründete Methode der Konzentrationsmessung, Institut für Angewandte Statistik der Freien Universität Berlin, 1970
Menges, G.; Skala, H. J.: Grundriß der Statistik, Teil 2: Daten, Opladen 1973
Schaich, E.; Ruff, A.: Zur Problematik der Anwendung statistischer Verfahren der Konzentrationsmessung, Allgemeines Statistisches Archiv 61, S. 99–127

Kapitel 6
DAS MESSEN VON ZUSAMMENHÄNGEN

Unsere bisherigen Überlegungen knüpften stets an die Verteilung *eines* Merkmals unter den Merkmalsträgern. Wir erweitern jetzt das Untersuchungsfeld um die Analyse von Zusammenhängen zwischen zwei Merkmalen.

Die statistische Analyse von Merkmalszusammenhängen befaßt sich nicht mit Kausalbeziehungen zwischen den Merkmalen, sondern lediglich mit rein rechnerisch feststellbaren, gleichzeitigen systematischen Veränderungen. Empirisch bestimmte Merkmalszusammenhänge können prinzipiell drei verschiedene Ursachen haben:

1. Rein zufällig verhalten sich zwei Merkmale interdependent zueinander. Ein Finanzberater aus Massachusetts hat 1967 einen Zusammenhang zwischen den Börsenkursen und der Rocksaumhöhe bei den Frauen für die letzten 47 Jahre nachgewiesen. Hohe Rocksäume traten immer gleichzeitig mit hohen Börsenkursen auf.
2. Zwei Merkmale erscheinen deshalb statistisch voneinander abhängig, weil ein drittes Merkmal, die Ursache, auf beide wirkt. Die Beliebtheit des Bundeskanzlers wächst mit der Reisefreudigkeit der Deutschen. Das nicht etwa deshalb, weil man Menschen, deren Nähe man nicht spürt, als sympathischer empfindet, sondern weil Arbeitslosigkeit gleichermaßen die Popularität des Bundeskanzlers wie die Reisefreudigkeit der Bevölkerung einschränkt.
3. Tatsächlich besteht eine kausale Beziehung zwischen den Merkmalen. Das eine Merkmal ist Ursache, das andere Wirkung. Die Investitionstätigkeit in der Wirtschaft wächst mit sinkenden Zinssätzen.

Nur der dritte Merkmalszusammenhang ist für den Wissenschaftler interessant, alles andere sind Scheinzusammenhänge, denen keine direkte Beziehung zugrundeliegt. Um das Auftreten der Fälle 1 und 2 zu vermeiden, empfiehlt es sich, bei der statistischen Interdependenzanalyse stets in einem ersten Schritt eine Kausalbeziehung zwischen zwei Merkmalen theoretisch zu untermauern, bevor diese statistisch analysiert wird.

1 Die Kontingenz

1.1 Kontingenztabelle und Häufigkeitsverteilungen

Werden an n Merkmalsträgern gleichzeitig die Merkmale X und Y erhoben, so gewinnt die Urliste die Gestalt:

Urlistenschema

k	x_k	y_k
1	x_1	y_1
2	x_2	y_2
3	x_3	y_3
.	.	.
.	.	.
.	.	.
n	x_n	y_n

Aus dieser Urliste läßt sich die *zweidimensionale Häufigkeitstabelle*, auch genannt *Kontingenztabelle*, konstruieren. Dazu werden ℓ geeignete Gruppierungen oder Klassen für das Merkmal X: a_i und m für das Merkmal Y: b_j gewählt. Ordnet man nun die Paare (x_k, y_k) einer Matrix zu, die in der Kopfzeile die Gruppierungsvorschrift des Merkmals Y und in der Linksspalte die des Merkmals X enthält, so beinhalten die Felder (a_i, b_j) die absoluten Häufigkeiten n_{ij} – die Anzahl der Merkmalsträger, die das Merkmal X in der Ausprägung a_i und gleichzeitig das Merkmal Y in der Ausprägung b_j tragen.

Zweidimensionale Häufigkeitstabelle

x \ y	b_1	b_2	...	b_j	...	b_m	Σ
a_1	n_{11}	n_{12}	...	n_{1j}	...	n_{1m}	$n_{1.}$
a_2	n_{21}	n_{22}	...	n_{2j}	...	n_{2m}	$n_{2.}$
⋮	⋮	⋮		⋮		⋮	⋮
a_i	n_{i1}	n_{i2}	...	n_{ij}	...	n_{im}	$n_{i.}$
⋮	⋮	⋮		⋮		⋮	⋮
a_ℓ	$n_{\ell 1}$	$n_{\ell 2}$	...	$n_{\ell j}$		$n_{\ell m}$	$n_{\ell .}$
Σ	$n_{.1}$	$n_{.2}$	...	$n_{.j}$	...	$n_{.m}$	n

Die Spaltensummen der absoluten Häufigkeiten über alle i bezeichnen wir mit:

$$(6.1) \qquad n_{.j} := \sum_{i=1}^{\ell} n_{ij} \qquad j = 1, 2, \ldots, m$$

– sie vermitteln die Anzahl der Merkmalsträger, die das Merkmal Y in der Ausprägung b_j aufweisen –, die Zeilensummen mit:

$$(6.2) \qquad n_{i.} := \sum_{j=1}^{m} n_{ij} \qquad i = 1, 2, \ldots, \ell$$

– sie vermitteln analog die Anzahlen der Merkmalsträger, die das Merkmal X in der Ausprägung a_i aufweisen. Die relativen Häufigkeiten dieser Randsummen $\frac{n_{.j}}{n}$ bzw. $\frac{n_{i.}}{n}$ bezeichnet man als *Randhäufigkeiten.* Die Summe aller Matrixfelder steht in der rechten unteren Ecke. Sie ergibt sich gleichermaßen, wenn die Summenspalte oder die Summenzeile aufaddiert wird.

$$(6.3) \qquad n = \sum_{i=1}^{\ell} n_{i.} = \sum_{j=1}^{m} n_{.j}$$

Beispiel 6.1: Die Kontingenztabelle

Unter 40 frisch diplomierten Wirtschaftswissenschaftlern wurde der Zusammenhang zwischen der Grundstudiumsnote X und der Examensnote Y erhoben.

Urliste

k	X_k	Y_k	k	X_k	Y_k	k	X_k	Y_k	k	X_k	Y_k
1	4	3	11	4	4	21	4	2	31	4	4
2	2	3	12	1	2	22	4	3	32	3	1
3	1	1	13	2	2	23	3	3	33	1	2
4	4	2	14	1	3	24	2	1	34	2	2
5	4	4	15	3	3	25	1	1	35	3	4
6	3	4	16	2	2	26	2	4	36	4	3
7	4	3	17	3	3	27	2	3	37	3	3
8	2	2	18	3	4	28	3	2	38	1	2
9	3	2	19	3	4	29	3	4	39	2	1
10	3	3	20	4	4	30	1	1	40	1	3

Die zweidimensionale Häufigkeitstabelle weist folgendes Bild auf:

X \ Y	1	2	3	4	Σ
1	III 3	III 3	II 2	0	8
2	II 2	IIII 4	II 2	I 1	9
3	I 1	II 2	卌 5	卌 5	13
4	0	II 2	IIII 4	IIII 4	10
Σ	6	11	13	10	40

Aus der Kontingenztabelle läßt sich eine Tabelle der relativen Häufigkeiten mit den Feldelementen $\frac{n_{ij}}{n}$ und daraus die Häufigkeitsverteilung konstruieren. Für diskrete Merkmale lautet sie:

Zweidimensionale Häufigkeitsfunktion für diskrete Merkmale:

$$(6.4) \quad f_{XY}(x, y) = \begin{cases} \frac{n_{ij}}{n} & \text{für} \quad x = a_i \quad \text{und } y = b_j \\ 0 & \text{sonst} \end{cases}$$

Als Graphik dient ein dreidimensionales Stabdiagramm.

Beispiel 6.2: Die zweidimensionale Häufigkeitsverteilung für diskretes Merkmal (zu den Daten des Beispiels 6.1)

Abbildung 43:

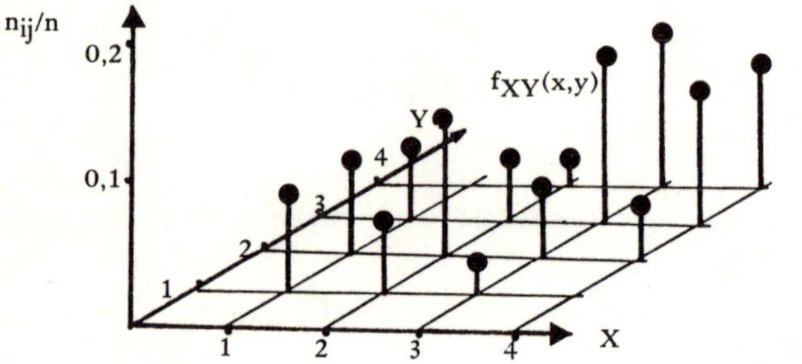

Anschaulicher ist aber oftmals, die Felder der Häufigkeitstabelle mit eingefärbten Quadraten der Größe entsprechend der relativen Häufigkeit zu füllen:

Abbildung 44:

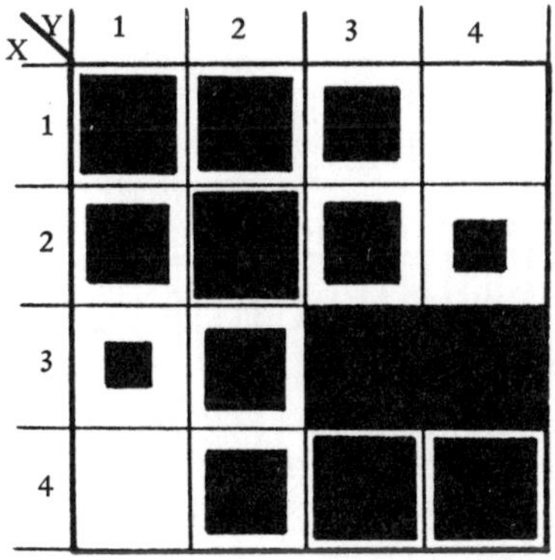

Liegt klassiertes Material vor, so lautet die zweidimensionale Häufigkeitsfunktion:

Zweidimensionale Häufigkeitsfunktion für stetige Merkmale:

$$(6.5) \quad f_{XY}(x,y) = \begin{cases} \dfrac{n_{ij}}{n \cdot \Delta_i \cdot \Delta_j} & \text{für} \quad \begin{matrix} a_i^u \leqslant x \leqslant a_i^o \\ b_j^u \leqslant y \leqslant b_j^o \end{matrix} \\ 0 & \text{sonst} \end{cases}$$

Als graphische Darstellung dient ein dreidimensionales Säulendiagramm.

Abbildung 45:

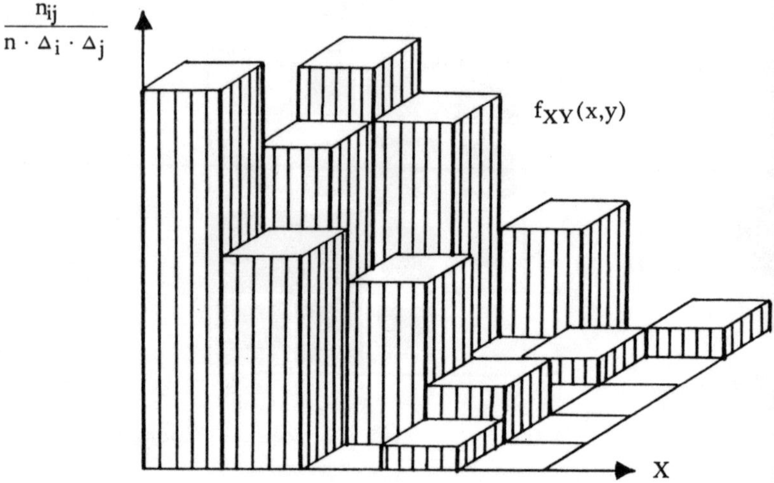

Die Verteilung der Randhäufigkeiten $f_X(x)$, die sog. *Randverteilung* von X, entspricht genau der Verteilung des Merkmals X ohne Rücksicht auf Y.

Randverteilung von X:

(6.6)

$$f_X(x) = \begin{cases} \frac{n_{i.}}{n} & \text{für} \quad x = a_i \\ 0 & \text{sonst} \end{cases} \qquad \text{(diskrete Merkmale)}$$

bzw.

$$f_X(x) = \begin{cases} \frac{n_{i.}}{n \cdot \Delta_i} & \text{für} \quad a_i^u \leq x < a_i^o \\ 0 & \text{sonst} \end{cases} \qquad \text{(stetige Merkmale)}$$

Für das Merkmal Y bestimmt sie sich analog.

Von einer *bedingten Häufigkeitsfunktion* $f_{X|Y}$ bzw. $f_{Y|X}$ spricht man, wenn die Verteilung eines der beiden Merkmale zu einer vorgegebenen Merkmalsausprägung des anderen Merkmals ermittelt wird. Bezogen auf das Beispiel 6.1 erhalten wir eine bedingte Verteilung der Grundstudiumsnoten X, wenn bspw. nur die Studenten mit einem Dreier-Examen $y = b_3 = 3$ bei Konstruktion der Verteilung Berücksichtigung finden.

Bedingte Häufigkeitsfunktion von X:

(6.7)

$$f_{X|Y}(x|b_j) = \frac{f_{XY}(x,b_j)}{f_Y(b_j)} = \begin{cases} \frac{n_{ij}}{n_{.j}} & \text{für} \quad x = a_i \\ & \text{(diskrete Merkmale)} \\ 0 & \text{sonst} \end{cases}$$

bzw.

$$f_{X|Y}(x|b_j) = \frac{f_{XY}(x,b_j)}{f_Y(b_j)} = \begin{cases} \frac{n_{ij}}{n_{.j} \cdot \Delta_i} & \text{für } a_i^u \leqslant x < a_i^o \\ & \text{(stetige Merkmale)} \\ 0 & \text{sonst} \end{cases}$$

Beispiel 6.3: Gemeinsame, Rand- und bedingte Verteilung

Zur Kontingenztabelle des Beispiels 6.1 lauten die gemeinsame Verteilung, die Randverteilungen und die bedingte Verteilung von X für y = 3:

X \ Y	1	2	3	4	Σ
1	0,075	0,075	0,05	0	0,2
2	0,05	0,1	0,05	0,025	0,225
3	0,025	0,05	0,125	0,125	0,325
4	0	0,05	0,1	0,1	0,25
Σ	0,15	0,275	0,325	0,25	1

Die 16 inneren Matrixfelder charakterisieren die zweidimensionale Häufigkeitsfunktion, die Summenzeile die

Randverteilung von Y, die Summenspalte die Randverteilung von X. Die bedingte Verteilung von X für y = 3 ist:

$$
\begin{aligned}
f_{X|3}(1|3) &= 0{,}05\ /0{,}325 &= 0{,}1538\\
f_{X|3}(2|3) &= 0{,}05\ /0{,}325 &= 0{,}1538\\
f_{X|3}(3|3) &= 0{,}125/0{,}325 &= 0{,}3846\\
f_{X|3}(4|3) &= 0{,}1\ \ /0{,}325 &= 0{,}3077
\end{aligned}
$$

1.2 Die statistische Unabhängigkeit

Im Beispiel 6.1 besteht offenbar zwischen den Grundstudiums- und Examensnoten bei den verschiedenen Studenten dann kein Zusammenhang, wenn die Verteilung der Grundstudiumsnoten X zu jeder Examensnote $y = b_j$ dieselbe ist, wenn also allgemein gilt:

(6.8) $$f_{X|Y}(x|b_1) = f_{X|Y}(x|b_2) = \ldots = f_{X|Y}(x|b_m)$$

Insbesondere gilt dann für $x = a_i$ (diskreter Fall) bzw. $a_i^u \leqslant x < a_i^o$:

(6.9) $$\frac{n_{i1}}{n_{.1}} = \frac{n_{i2}}{n_{.2}} = \ldots = \frac{n_{im}}{n_{.m}}$$

bzw. $$\frac{n_{i1}}{n_{.1} \cdot \Delta_i} = \frac{n_{i2}}{n_{.2} \cdot \Delta_i} = \ldots = \frac{n_{im}}{n_{.m} \cdot \Delta_i},$$

woraus folgt:

(6.10) $$n_{ij} = \frac{n_{i1}}{n_{.1}} \cdot n_{.j} \qquad (j = 2, \ldots, m)$$

Für die Randverteilung von X gilt dann:

(6.11) $$f_X(a_i) = \frac{n_{i.}}{n} = \frac{\sum\limits_{j=1}^{m} n_{ij}}{n} = \frac{\sum\limits_{j=1}^{m} \frac{n_{i1}}{n_{.1}} n_{.j}}{n} = \frac{\frac{n_{i1}}{n_{.1}} \sum\limits_{j=1}^{m} n_{.j}}{n} = \frac{n_{i1}}{n_{.1}}$$

bzw.

$$f_X(a_i) = \frac{n_{i.}}{n \cdot \Delta_i} = \frac{\sum\limits_{j=1}^{m} n_{ij}}{n \cdot \Delta_i} = \frac{\sum\limits_{j=1}^{m} \frac{n_{i1}}{n_{.1}} n_{.j}}{n \cdot \Delta_i} = \frac{\frac{n_{i1}}{n_{.1}} \sum\limits_{j=1}^{m} n_{.j}}{n \cdot \Delta_i}$$

$$= \frac{n_{i1}}{n_{.i} \cdot \Delta_i}$$

Entsprechen sich also die bedingten Verteilungen von X, so entsprechen diese auch ihrer Randverteilung.

In Gleichung (6.7) läßt sich folglich $f_{X|Y}(x|b_j)$ durch $f_X(x)$ ersetzen:

$$(6.12) \quad f_X(x) = \frac{f_{XY}(x, b_j)}{f_Y(b_j)}$$

Insbesondere für $x = a_i$ erhalten wir nach Multiplikation:

Voraussetzung statistischer Unabhängigkeit:

$$(6.13) \quad f_{XY}(a_i, b_j) = f_X(a_i) \cdot f_Y(b_j) \qquad \begin{array}{l} i = 1, \ldots, \ell \\ j = 1, \ldots, m \end{array}$$

Die Gültigkeit dieser Beziehung ist die fundamentale Voraussetzung *statistischer Unabhängigkeit*.

1.3 Der Kontingenzkoeffizient

Aus den Randhäufigkeiten einer Kontingenztabelle können unter Verwendung der Gleichung (6.13) die bei Unabhängigkeit der Merkmale zu erwartenden Häufigkeiten

$$(6.14) \quad \bar{n}_{ij} := \frac{n_{i.} \cdot n_{.j}}{n}$$

berechnet werden. Wenn man anschließend die zu erwartende mit den tatsächlichen Häufigkeiten konfrontiert, ersieht man aus dem Grad der Abweichung unter ihnen das Ausmaß der Interdependenz zwischen den Merkmalen.

Die *quadratische Kontingenz* χ^2 wird über die Summe der relativen quadratischen Abweichungen bestimmt:

Ermittlung der quadratischen Kontingenz:

$$(6.15) \quad \chi^2 := \sum_{i=1}^{\ell} \sum_{j=1}^{m} \frac{(n_{ij} - \bar{n}_{ij})^2}{\bar{n}_{ij}} \qquad \text{(zweidimensionale Häufigkeitstabelle)}$$

Sie wächst mit steigenden Abweichungen zwischen n_{ij} und $\bar{n}_{ij}$. Der Wert Null wird erreicht, wenn statistische Unabhängigkeit vorliegt ($n_{ij} = \bar{n}_{ij}$). Eine monoton wachsende Transformation des Wertebereiches auf das Intervall [0, 1) führt zum *Kontingenzkoeffizienten* r.

Ermittlung des Kontingenz-Koeffizienten:

$$(6.16)\quad r := \sqrt{\frac{\chi^2}{n + \chi^2}}$$

Die Vorgehensweise zur Berechnung des Kontingenzkoeffizienten läßt sich also in drei Schritten feststecken:

Rechenschritte zur Berechnung des Kontingenzkoeffizienten:

1. Berechnung der bei Unabhängigkeit zu erwartenden Kontingenztabelle
2. Ermittlung der quadratischen Kontingenz
3. Bestimmung des Kontingenzkoeffizienten

Beispiel 6.4: Der Kontingenzkoeffizient

Die Rechnungen werden in Anlehnung an das Beispiel 6.1 durchgeführt.

1. Kontingenztabelle bei Unabhängigkeit

X \ Y	1	2	3	4	Σ
1	1,200	2,200	2,600	2,000	8
2	1,350	2,475	2,925	2,250	9
3	1,950	3,575	4,225	3,250	13
4	1,500	2,750	3,250	2,500	10
Σ	6	11	13	10	40

2. Quadratische Kontingenz

X \ Y	1	2	3	4	Σ
1	2,700	0,291	0,138	2,000	5,129
2	0,313	0,940	0,293	0,695	2,241
3	0,463	0,694	0,142	0,943	2,242
4	1,500	0,205	0,173	0,900	2,778
Σ	4,976	2,130	0,746	4,538	12,39 χ^2

3. Kontingenzkoeffizient

$$r = \sqrt{\frac{12{,}39}{40 + 12{,}39}} = 0{,}486$$

Die Verwendung des Kontingenzkoeffizienten empfiehlt sich insbesondere für nominalskalierte Merkmale. Für Merkmale mit höherem Skalenniveau kann er in der hier vorgetragenen Form nur für diskretes Material Verwendung finden; denn bei stetigem Material berechnet sich die quadratische Kontingenz über das Doppelintegral:

$$(6.17) \quad \int_{a_1^u}^{a_\ell^o} \int_{b_1^u}^{b_m^o} \frac{(n \cdot f_{XY}(x,y) - n \cdot f_X(x) \cdot f_Y(y))^2}{n \cdot f_X(x) \cdot f_Y(y)} \, dy \, dx,$$

dessen Lösung einen größeren Rechenaufwand erfordert. Im übrigen stehen in derart gelagerten Fällen leichter berechenbare Zusammenhangsmaße zur Verfügung.

2 Die Korrelation

2.1 Die Kovarianz

Die Urliste intervallskalierter Merkmale läßt sich auch durch ein *Streuungsdiagramm* veranschaulichen. In diesem werden die Wertepaare (x_i, y_i) als Punkte eines Koordinatensystems aufgefaßt.

Abbildung 46: Streuungsdiagramm

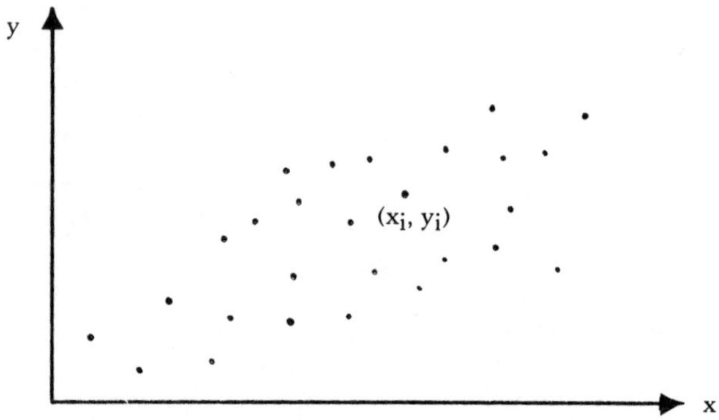

Die Qualität des dann sichtbaren Zusammenhangs zwischen X und Y kann mit der *empirischen Kovarianz* s_{XY} quantifiziert werden.

Die empirische Kovarianz:

$$(6.18)\quad s_{XY} = \frac{1}{n} \sum_{i=1}^{n} (x_i - \bar{x})(y_i - \bar{y}) = \frac{1}{n} \sum_{i=1}^{n} x_i y_i - \bar{x}\,\bar{y}$$ [1])

$\bar{x}, \bar{y}$ = arithmetische Mittel

Die auffällige formale Verwandtschaft zwischen der empirischen Varianz s_X^2 und Kovarianz s_{XY} erweist sich bei der graphischen Darstellung im Streuungsdiagramm als sehr hilfreich. Ähnlich wie schon in Abbildung 34 legen wir in das Koordinatensystem ein Fadenkreuz mit dem Mittelpunkt $(\bar{x}, \bar{y})$ hinein. Die Beträge der Summanden der Kovarianz haben dann ihr Äquivalent in der Flächengröße des Rechteckes zwischen dem Mittelpunkt des Fadenkreuzes und dem Wertepaar (x_i, y_i). Die Flächen der im nordöstlichen und südwestlichen Bereich des Fadenkreuzes gelegenen Rechtecke werden als positiv, alle anderen als negativ aufgefaßt. Die Kovarianz ist dann der durch n dividierte Saldo der Flächenbeträge aus den Positiv- und Negativquadranten.

---

[1]) Vgl. Lösung zu Aufgabe 6.2)

Abbildung 47: Die empirische Kovarianz

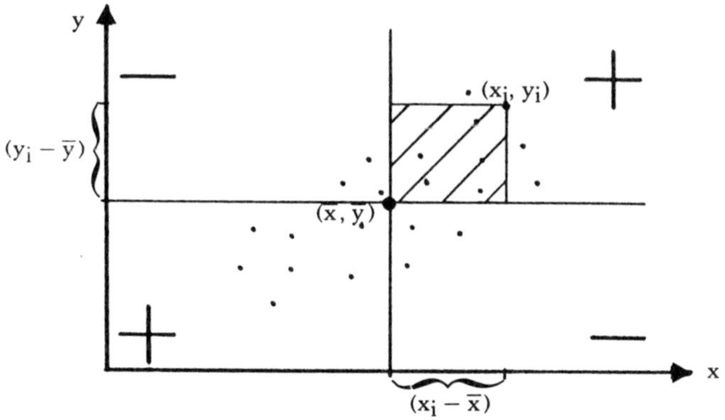

Betrachten wir nun 2 Folgen von Merkmalswerten, die des Merkmals X und die des Merkmals Y:

X : 1; 2; 3; 4; 5

Y : 1; 2; 3; 4; 5

Gehören, wie in Abbildung 48 dargestellt, die jeweils senkrecht übereinander stehenden Merkmalswerte als Wertepaar (x_i, y_i) zusammen, so besteht ein enger Zusammenhang zwischen den Merkmalen. Die empirische Kovarianz setzt sich nur aus positiven Quadratstücken zusammen. Sie ist unter dieser, bezogen auf die Menge aller anderen Zuordnungen, maximal und entspricht der Streuung von X und Y.

$$s_{XY} = \frac{1}{5}((1-3)(1-3) + (2-3)(2-3) + (3-3)(3-3) + (4-3)(4-3) + (5-3)(5-3)) = 2.$$

Ein inverser Zusammenhang zwischen X und Y offenbart sich in Abbildung 49, wenn jeweils kleine X-Werte mit großen Y-Werten gepaart werden. Alle eben noch positiven Flächen werden negativ, die Kovarianz ist minimal:

$$s_{XY} = \frac{1}{5}((1-3)(5-3) + (2-3)(4-3) + (3-3)(3-3) + (4-3)(2-3) + (5-3)(1-3)) = -2.$$

Wenn schließlich, wie in Abbildung 50, gar kein Zusammenhang zwischen X und Y zutage tritt, kompensieren sich positive und negative Flächenstücke. Die Kovarianz ist Null:

$$s_{XY} = \frac{1}{5}((1-3)(4-3) + (2-3)(1-3) + (3-3)(3-3) + (4-3)(5-3) + (5-3)(2-3)) = 0.$$

Abbildungen 48, 49, 50

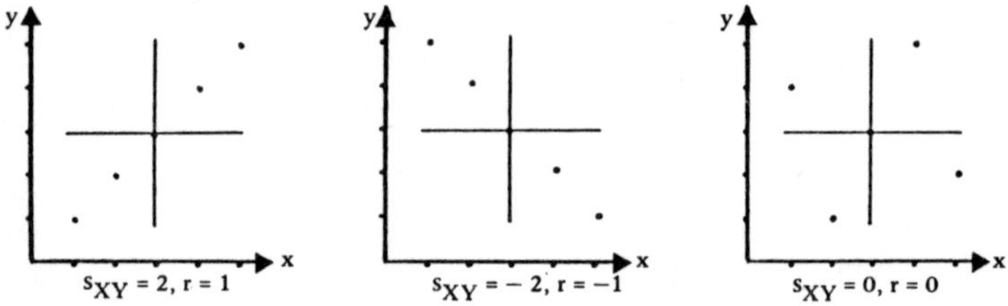

Darüber hinaus wird die Kovarianz umso größer sein, je stärker die Streuung der Merkmalswerte s_X^2 und s_Y^2 ist. Werden bspw. alle x_i und y_i verdoppelt, so vervierfachen sich ihre Varianzen ebenso wie die Kovarianz.

> Aussagen der empirischen Kovarianz:
>
> 1. Die betragsmäßige Größe der Kovarianz wird gleichermaßen von der Enge des Zusammenhanges zwischen den Merkmalen wie von der Größe der zugehörigen Streuungen geprägt.
> 2. Das Vorzeichen der Kovarianz gibt einen Hinweis auf die Richtung des funktionalen Zusammenhanges. Ein positives Vorzeichen weist auf einen gleichläufigen, ein negatives auf einen gegenläufigen Zusammenhang zwischen X und Y hin.

2.2 Der Korrelationskoeffizient nach Bravais-Pearson

Um die Kovarianzaussage als Zusammenhangskriterium nutzen zu können, ist der Einfluß der Varianzen von X und Y auf die Kovarianz wieder herauszurechnen. Wir erreichen das, indem wir die Kovarianz durch die Standardabweichungen dividieren, und damit den *Korrelationskoeffizienten nach Bravais-Pearson* r definieren:

> Der Bravais-Pearson-Korrelationskoeffizient:
>
> (6.19) $r := \frac{s_{XY}}{s_X \, s_Y} = \frac{s_{XY}}{\sqrt{s^2_X \, s^2_Y}}$

Da der Betrag der Kovarianz niemals das Produkt der Standardabweichungen überschreiten kann[1]), nimmt r Werte zwischen -1 und $+1$ an.

(6.20) $-1 \leqslant r \leqslant +1$

Die betragsmäßige Größe von r weist auf die Intensität der Abhängigkeit, das Vorzeichen auf die Richtung des Zusammenhanges hin.

Beispiel 6.5: Der Korrelationskoeffizient nach Bravais-Pearson

Die Bundesregierung glaubt, einen Zusammenhang zwischen der gesamtwirtschaftlichen Nettoinvestitionsquote X und dem Zuwachs der Arbeitsproduktivität Y feststellen zu können. Für die Jahre zwischen 1975 und 1981 ergaben sich folgende Werte:

Jahr	Nettoinvestitionsquote [%]	Arbeitsproduktivitätszuwachs [real 1970; %]
1975	5,9	1,6
1976	7,6	6,1
1977	7,9	3,2
1978	7,8	2,5
1979	9,9	3,1
1980	9,7	0,9
1981	7,5	0,6

Quelle: Statistisches Bundesamt, IDW, eigene Berechnungen

---

[1]) Vgl. Lösung zu Aufgabe 6.4) auf S. 180.

1. Schritt: Berechnung der Mittelwerte und Varianzen

i	x_i	y_i	$(x_i - \bar{x})$	$(x_i - \bar{x})^2$	$(y_i - \bar{y})$	$(y_i - \bar{y})^2$	$(x_i - \bar{x})(y_i - \bar{y})$
1	5,9	1,6	−2,14	4,58	−0,97	0,94	2,01
2	7,6	6,1	−0,44	0,19	3,53	12,46	−1,55
3	7,9	3,2	−0,14	0,02	0,63	0,40	−0,09
4	7,8	2,5	−0,24	0,06	−0,07	0,00	0,02
5	9,9	3,1	1,86	3,46	0,53	0,28	0,99
6	9,7	0,9	1,66	2,76	−1,67	2,79	−2,77
7	7,5	0,6	−0,54	0,29	−1,97	3,88	1,06
Σ	56,3	18,0	–	11,36	–	20,75	−0,33
$\frac{1}{n}\Sigma$	8,04	2,57	–	1,62	–	2,96	−0,05
	$\bar{x}$	$\bar{y}$		s^2_X		s^2_Y	s_{XY}

2. Schritt: Berechnung des Korrelationskoeffizienten

$$r = \frac{s_{XY}}{s_X s_Y} = \frac{s_{XY}}{\sqrt{s^2_X s^2_Y}} = \frac{-0{,}05}{\sqrt{1{,}62 \cdot 2{,}96}} = -0{,}023$$

Für die Jahre 1975–1981 besteht offenbar kaum ein Einfluß der Investitionsquote auf die Produktivitätszuwachsraten.

Die Berechnung des Korrelationskoeffizienten nach Bravais-Pearson setzt mindestens intervallskalierte Merkmale voraus, da er auf der Basis intervallskalierter Maßzahlen ermittelt wird. Allerdings genügt dieses Skalenniveau auch seiner Anwendung. Denn werden die x_i und die y_i unter $g_X : x \rightarrow a+bx$ und $g_Y : y \rightarrow c+dy$ linear transformiert, so ändert sich sicher nicht ihr Zusammenhang, infolgedessen muß der ursprüngliche Korrelationskoeffizient erhalten bleiben:

$$r(g_X, g_Y) = \frac{\frac{1}{n}\sum_{i=1}^{n}((a+bx_i)-(a+b\bar{x}))\cdot((c+dy_i)-(c+d\bar{y}))}{\sqrt{\frac{1}{n}\sum_{i=1}^{n}((a+bx_i)-(a+b\bar{x}))^2 \cdot \frac{1}{n}\sum_{i=1}^{n}((c+dy_i)-(c+d\bar{y}))^2}}$$

(6.21)

$$= \frac{\frac{1}{n}\sum_{i=1}^{n} b(x_i-\bar{x})\cdot d(y_i-\bar{y})}{\sqrt{\frac{1}{n}\sum_{i=1}^{n} b^2(x_i-\bar{x})^2 \cdot \frac{1}{n}\sum_{1=1}^{n} d^2(y_i-\bar{y})^2}}$$

$$= \frac{bds_{XY}}{\sqrt{b^2 \cdot s^2_X \cdot d^2 \cdot s^2_Y}} = \frac{s_{XY}}{\sqrt{s^2_X s^2_y}}$$

In der Tat bleibt das Korrelationsmaß r unbeeinflußt.

Sehr gut eignet sich der Korrelationskoeffizient zum Aufspüren linearer Zusammenhänge. Als absolut ungeeignet erweist er sich, wenn es darum geht, andere – insbesondere nicht monotone – Merkmalsinterdependenzen aufzuzeigen.

Beispiel 6.6: Die Eignung des Korrelationskoeffizienten zum Aufspüren höherer Funktionalzusammenhänge:

Die Preis-Absatzfunktion eines Monopolisten laute:

$p = 25 - 0{,}1\ x$ (p = Preis, x = Absatz)

Da sein Umsatzerlös Y das Produkt aus Preis und Menge ist, existiert eine feste quadratische Kausalbeziehung zwischen X und Y:

$y = p \cdot x = 25x - 0{,}1\ x^2$

Für vorgegebene Absatzmengen x_i erhalten wir eindeutig bestimmte Umsätze y_i:

i	x_i	$y_i = 25x_i - 0{,}1x^2_i$	$(x_i - \bar{x})$	$(x_i - \bar{x})^2$	$(y_i - \bar{y})$	$(y_i - \bar{y})^2$	$(x_i - \bar{x})(y_i - \bar{y})^2$
1	0	0	−125	15 625	−833,33	694 439	104 166
2	50	1 000	−75	5 625	166,67	27 779	−12 500
3	100	1 500	−25	625	666,67	444 449	−16 667
4	150	1 500	25	625	666,67	444 449	16 667
5	200	1 000	75	5 625	166,67	27 779	12 500
6	250	0	125	15 625	−833,33	694 439	−104 166
Σ	750	5 000	–	43 750	–	2333 334	0
$\frac{1}{n}\Sigma$	125	833,33	–	7 291,67	–	388 889	0
	$\bar{x}$	$\bar{y}$		s^2_X		s^2_Y	s_{XY}

Dennoch ist der Korrelationskoeffizient

$$r = \frac{s_{XY}}{\sqrt{s^2_X \cdot s^2_Y}} = \frac{0}{\sqrt{7\,291{,}87 \cdot 388\,889}} = 0.$$

Der quadratische Zusammenhang wird vollkommen übersehen.

Abbildung 51

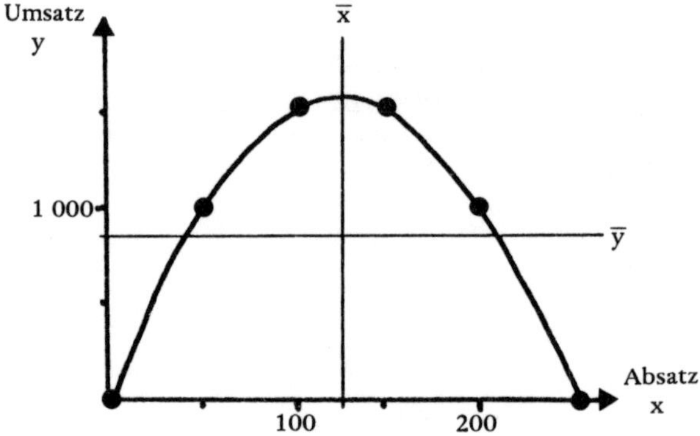

2.3 *Der Rangkorrelationskoeffizient nach Spearman*

Weder der Kontingenzkoeffizient noch der Korrelationskoeffizient nach Bravais-Pearson sind in der Lage – der erste nur mit Informationsverlust –, die Wechselbeziehungen zwischen zwei ordinalskalierten Merkmalen umfassend zu analysieren. Eine Modifikation des Bravais-Pearson-Maßes, der *Spearman-Rangkorrelationskoeffizient*, der die Bravais-Pearson-Korrelation zwischen den Rangziffern der Merkmalswerte mißt, eignet sich jedoch in annehmbarer Weise zur Messung des Zusammenhanges.

In einem ersten Schritt werden den Merkmalswerten x_i und y_i die Rangziffern ${}^r x_i$ und ${}^r y_i$ von 1 bis n zugewiesen, alsdann wird in gewohnter Weise der Korrelationskoeffizient zwischen den Rangziffern r bestimmt. Allerdings läßt sich die folgende Berechnungsformel vereinfachen:

$$(6.22) \quad r = \frac{\frac{1}{n} \cdot \sum_{i=1}^{n} ({}^r x_i - {}^r\overline{x})({}^r y_i - {}^r\overline{y})}{\sqrt{\frac{1}{n} \sum_{i=1}^{n} ({}^r x_i - {}^r\overline{x})^2 \cdot \frac{1}{n} \sum_{i=1}^{n} ({}^r y_i - {}^r\overline{y})^2}}$$

Berücksichtigt man, daß die mittleren Rangziffern $^r\overline{x}$ und $^r\overline{y}$ sowie die Streuungen um diese übereinstimmen, und daß darüber hinaus die Beziehungen (6.18) und (4.36) gelten, ergibt sich:

$$r = \frac{\frac{1}{n}\sum_{i=1}^{n} {}^rx_i\,{}^ry_i - {}^r\overline{x}^2}{\frac{1}{n}\sum_{i=1}^{n} {}^rx_i^2 - {}^r\overline{x}^2}$$

(6.23)
$$= \frac{\frac{1}{n}\left(\sum_{i=1}^{n} {}^rx_i{}^ry_i - \sum_{i=1}^{n} {}^rx_i^2 + \sum_{i=1}^{n} {}^rx_i^2 - n{}^r\overline{x}^2\right)}{\frac{1}{n}\left(\sum_{i=1}^{n} {}^rx_i^2 - n{}^r\overline{x}^2\right)}$$

$$= 1 - \frac{\left(\sum_{i=1}^{n} {}^rx_i^2 - \sum_{i=1}^{n} {}^rx_i{}^ry_i\right)}{\left(\sum_{i=1}^{n} {}^rx_i^2 - n{}^r\overline{x}^2\right)}$$

Jetzt werden der Zähler umgeordnet und die Rangsummen
$\sum_{i=1}^{n} {}^rx_i^2 = \frac{n(n+1)(2n+1)}{6}$ [1] und $n{}^r\overline{x}^2 = \frac{1}{n}\left(\sum_{i=1}^{n} {}^rx_i\right)^2$
$= \frac{1}{n}\left(\frac{n(n+1)}{2}\right)^2 = \frac{n(n+1)^2}{4}$ eingesetzt:

(6.24)
$$r = 1 - \frac{\sum_{i=1}^{n}({}^rx_i^2 - {}^rx_i{}^ry_i)}{\frac{2n(n+1)(2n+1)}{12} - \frac{3n(n+1)^2}{12}}$$

Schließlich ersetzen wir $\sum_{i=1}^{n} {}^rx_i^2 - \sum_{i=1}^{n} {}^rx_i{}^ry_i = \frac{1}{2}\sum_{i=1}^{n}({}^rx_i - {}^ry_i)^2$ [2]

und rechnen den Nenner aus. Wir erhalten endgültig:

---

[1]) Vgl. Heise, H.: Schülkes Tafeln vierstelliger Logarithmen, Funktions- und Zahlenwerte, 49. Aufl., Stuttgart 1966, S. 40.

[2]) Siehe Fußnote auf S. 160.

Der Spearman-Rangkorrelationskoeffizient:

$$(6.25)\quad r = 1 - \frac{6 \sum_{i=1}^{n} ({}^r x_i - {}^r y_i)^2}{(n-1) \cdot n \cdot (n+1)} .$$

Beispiel 6.7: Der Rangkorrelationskoeffizient

Von Sportwissenschaftlern wird untersucht, ob ein Zusammenhang zwischen der Rangfolge von 10 Sportlern im Weitsprung ${}^rX$ und Sprint ${}^rY$ besteht. Über die zehn Wertpaare $({}^r x_i, {}^r y_i)$ wird der Rangkorrelationskoeffizient berechnet:

i	${}^r x_i$	${}^r y_i$	${}^r x_i - {}^r y_i$	$({}^r x_i - {}^r y_i)^2$
1	8	3	5	25
2	9	7	2	4
3	3	4	−1	1
4	4	6	−2	4
5	1	2	−1	1
6	5	5	0	0
7	6	8	−2	4
8	7	9	−2	4
9	2	1	1	1
10	10	10	0	0
Σ	–	–	–	44

$$r = 1 - \frac{6 \cdot 44}{9 \cdot 10 \cdot 11} = 0{,}733$$

Offenbar scheint zwischen den Plazierungen ein positiver Zusammenhang zu bestehen.

---

2) $$\sum_{i=1}^{n} {}^r x_i^2 - \sum_{i=1}^{n} {}^r x_i {}^r y_i = \frac{1}{2} \left(\sum_{i=1}^{n} {}^r x_i^2 - 2 \cdot \sum_{i=1}^{n} {}^r x_i {}^r y_i + \sum_{i=1}^{n} {}^r x_i^2 \right)$$

$$= \frac{1}{2} \left(\sum_{i=1}^{n} ({}^r x_i^2 - 2 {}^r x_i {}^r y_i + {}^r y_i^2) \right) = \frac{1}{2} \sum_{i=1}^{n} ({}^r x_i - {}^r y_i)^2$$

2.4 *Der Korrelationskoeffizient nach Fechner*

Ein weiteres, für ordinalskalierte Merkmale einsetzbares Maß ist der *Fechner-Korrelationskoeffizient*. Er basiert nicht wie der Rangkorrelationskoeffizient auf der Ordnung der Merkmalswerte, sondern fragt jeweils nur ab, ob der Merkmalswert x_i bzw. y_i größer, kleiner oder gleich dem Mittelwert ist. Um das Fechner-Maß für ordinalskalierte Daten einsetzen zu können, wird hier in Abweichung von anderen Lehrbüchern[1]) der Median als Mittelwert gewählt.[2])

Die Vorzeichenfunktion sgn (x) (sprich: Signum von x) ist definiert als:

$$(6.26) \qquad \operatorname{sgn}(x) := \begin{cases} -1 & \text{für} \quad x < 0 \\ 0 & \text{für} \quad x = 0 \\ 1 & \text{für} \quad x > 0 \end{cases}$$

Der Korrelationskoeffizient interpretiert nur die Vorzeichen der Abweichungsprodukte $(x_i - \overline{x}) \cdot (y_i - \overline{y})$. Vorzeichenübereinstimmungen werden mit dem Faktor +1, Nichtübereinstimmungen mit −1 und Nullprodukte mit Null bewertet.

Der Fechner-Korrelationskoeffizient:

$$(6.27) \quad r := \frac{1}{n} \sum_{i=1}^{n} \operatorname{sgn}\left((x_i - \overline{x})(y_i - \overline{y})\right)$$

$$\overline{x}, \overline{y} = \text{Median}$$

Die Größe des Koeffizienten schwankt zwischen −1, wenn die Merkmale gegenläufige Tendenz haben, es gibt dann keine Übereinstimmung, und +1, wenn sie gleichläufige Tendenz haben, es gibt dann nur Übereinstimmungen. Null wird er, wenn sich Übereinstimmungen und Nichtübereinstimmungen die Waage halten, es besteht dann kein Zusammenhang.

[1]) Vgl. Reichhardt, H.: Statistische Methodenlehre für Wirtschaftswissenschaftler, 4. Aufl., Düsseldorf 1973

[2]) Dieses Vorgehen ist auch in anderer Hinsicht sinnvoll. Vgl. die Erläuterungen auf S. 163.

Beispiel 6.8: Der Korrelationskoeffizient nach Fechner

Wir rechnen nochmal das Sportlerbeispiel 6.7 durch:

i	x_i	y_i	$x_i - \bar{x}$	$y_i - \bar{y}$	$\text{sgn}((x_i - \bar{x}) \cdot (y_i - \bar{y}))$
1	8	3	2,5	−2,5	−1
2	9	7	3,5	1,5	1
3	3	4	−2,5	−1,5	1
4	4	6	−1,5	0,5	−1
5	1	2	−4,5	−3,5	1
6	5	5	−0,5	−0,5	1
7	6	8	0,5	2,5	1
8	7	9	1,5	3,5	1
9	2	1	−3,5	−4,5	1
10	10	10	4,5	4,5	1
Σ	–	–	–	–	6
$\frac{1}{n}\Sigma$	–	–	–	–	0,6

$\bar{x},\bar{y}$ = Median r

Die Mediane sind $\bar{x} = \bar{y} = 5{,}5$. Der Fechner-Korrelationskoeffizient errechnet sich dann zu:

$$r = 0{,}6.$$

Er entspricht damit fast dem Spearman-Koeffizienten und untermauert den nur schwachen Leistungszusammenhang.

Wir kommen nochmal zurück auf die Verwendung des arithmetischen Mittels als Mittelwert im Fechner-Maß. Nehmen wir an, wir haben unter den x_i – es liegen ja nicht immer nur Plazierungen, sondern auch einmal andere ordinalskalierte Merkmale vor – einen Ausreißer nach oben, unter den y_i einen nach unten, die bewirken, daß jeweils nur ein x_i größer als das arithmetische Mittel $\bar{x}$, und ein y_i kleiner als $\bar{y}$ ist. Sei weiter unterstellt, daß der Zusammenhang zwischen X und Y ganz offenbar positiv ist, weil jeweils genau dann, wenn $x_i > x_j$ ist, $y_i > y_j$ $(i,j=1, \ldots, n)$ gilt.

Abbildung 52:

x_i	y_i	$x_i - \bar{x}$	$y_i - \bar{y}$
$\bar{x}$ ○	○	+	+
●	○	–	+
•	○	–	+
•	○	–	+
•	$\bar{y}$ ○	–	+
•	•	–	–

Trotz dieses gleichläufigen Zusammenhanges kann es nur 2 Übereinstimmungen bei den Vorzeichen geben, nämlich genau für die Ausreißer. Der Fechner-Korrelationskoeffizient auf Basis des arithmetischen Mittels wäre demnach stark negativ, trotz eines extrem positiven Zusammenhanges. Das kann bei Verwendung des Medians nicht passieren, weil genau die Hälfte der Merkmalswerte oberhalb bzw. unterhalb von ihm liegt. Der Korrelationskoeffizient, bezogen auf den Median, würde in dieser Situation nur Übereinstimmungen zählen und richtig auf 1 lauten.

3 Die Regression

Wenn ein theoretisch begründbarer, empirisch nachgewiesener Zusammenhang zwischen zwei intervall- oder höher skalierten Merkmalen besteht, so kann aufgrund der möglichen sinnvollen Interpretation von Abständen und damit verbunden von Steigungen, die ja Abstandsverhältnisse sind, nicht nur die Intensität und Richtung, sondern darüber hinaus auch eine funktionale Beziehung zwischen den Merkmalswerten angegeben werden. Da Korrelationskoeffizienten als Abhängigkeitsmaße lediglich in der Lage sind, lineare Zusammenhänge aufzuspüren, beschränken wir uns darauf, die Wechselbeziehung zwischen X und Y an einer linearen Funktion dingfest zu machen.[1])

[1]) Diese Festlegung schränkt die Einsatzmöglichkeit der Regression nicht von vornherein auf lineare Merkmalszusammenhänge ein. Durch Transformation der Merkmale X und Y besteht die Möglichkeit, mit einer linearen Funktion auch nichtlineare Abhängigkeiten zu beschreiben. Vgl. Bleymüller, J.; Gehlert, G.; Gülicher, H.: Statistik für Wirtschaftswissenschaftler, München 1979, S. 171 ff.

3.1 Die Modellidee

Dem *einfachen, linearen Regressionsmodell* liegt folgende Idee zugrunde:

1. Es besteht eine klare Ursache-Wirkung-Beziehung zwischen den Merkmalen X und Y. X ist das verursachende Merkmal, auch genannt *erklärende Variable*, Y ist das reagierende Merkmal, die sog. *zu erklärende Variable.*

2. Der Kausalzusammenhang zwischen X und Y wird reflektiert durch eine Gerade mit dem Ordinatenabschnitt b_0 und der Steigung b_1:

   (6.28) $Y(X) = b_0 + b_1 X \qquad b_0, b_1 \in \mathbb{R}$

   die nur deshalb nicht – trotz der engen Beziehung zwischen X und Y – im Streuungsdiagramm deutlich hervortritt, weil Meßfehler und Zufallseinflüsse die Punktewolke verzerrt haben. Die zu vorgegebenen Merkmalswerten x_i festgestellten y_i setzen sich zusammen aus einem systematischen Einfluß von X auf Y:

   (6.29) $y_i^e := b_0 + b_1 x_i \qquad (i=1, \ldots, n),$

   und einem Meßfehler- oder Zufallseinfluß e_i (vgl. Abb. 53):

   (6.30) $y_i = b_0 + b_1 x_i + e_i \qquad (i=1, \ldots, n)$

3. Die Gerade, die die Tendenz der Merkmalswertepaare (x_i, y_i) am besten widerspiegelt, die sog. *Regressionsgerade*, wird für die Beschreibung des Beziehungszusammenhangs zwischen X und Y ausgewählt. Diese Tendenz wird optimal ausgeschöpft, wenn die Summe der Fehlerquadrate minimiert wird – *Methode der kleinsten Quadrate.*

   (6.31) $\sum_{i=1}^{n} e_i^2 \rightarrow \min!$

Prinzipiell können auch andere Kriterien als zu minimierendes Fehlersummenmaß – bspw. die Fehlerbetragssumme $\sum_{i=1}^{n} |e_i|$ – eingesetzt werden, jedoch erfüllt die Fehlerquadratsumme neben rein mathema-

Abbildung 53:

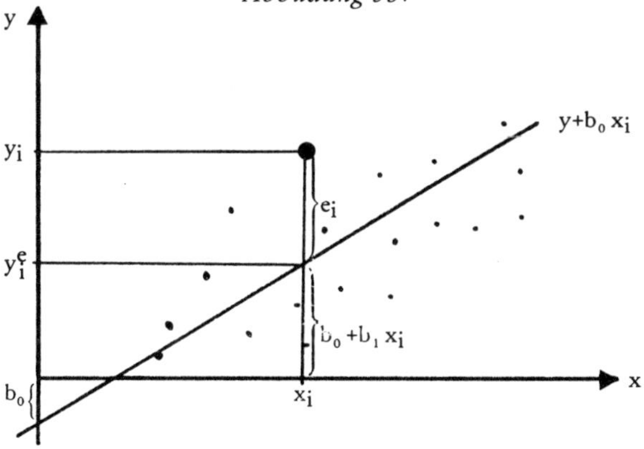

tischen Anforderungen wie Determiniertheit der Regressionsgeraden, Differenzierbarkeit noch einige weitere inhaltliche Anforderungen wie z. B. Kompensation positiver und negativer Zufallseinflüsse $\sum_{i=1}^{n} e_i = 0$ oder der Verlauf durch den Schwerpunkt der Punktwolke $(\bar{x}, \bar{y})$ im Streuungsdiagramm.

3.2 Die Bestimmung der Regressionsgeraden

Nach Punkt 3 des dargestellten Modells sind die Parameter b_0, b_1 der Regressionsgeraden so einzustellen, daß die Summe der Abweichungsquadrate minimal wird. Um dieses Optimierungsproblem mit Hilfe der Differentialrechnung lösen zu können, ist zunächst die Zielfunktion in Abhängigkeit von b_0 und b_1 auszudrücken:

$$(6.32) \quad \sum_{i=1}^{n} e_i^2 = \sum_{i=1}^{n} (y_i - y_i^e)^2 = \sum_{i=1}^{n} (y_i - b_0 - b_1 x_i)^2$$

Die Zielfunktion beschreibt sowohl in den einzelnen Summationsgliedern als auch insgesamt eine zweidimensionale nach oben geöffnete Parabel in Abhängigkeit von b_0 und b_1. Sie ist damit in ihren Variablen stetig und stetig differenzierbar. Zum Nachweis eines Minimums reicht es aus, die Nullstellen der ersten partiellen Ableitung aufzufinden.

Wir differenzieren partiell nach b_0 und b_1:

$$(6.33) \qquad \frac{\partial \sum_{i=1}^{n} (y_i - b_0 - b_1 x_i)^2}{\partial b_0} = \sum_{i=1}^{n} \frac{\partial (y_i - b_0 - b_1 x_i)^2}{\partial b_0} = -2 \sum_{i=1}^{n} (y_i - b_0 - b_1 x_i)$$

$$\frac{\partial \sum_{i=1}^{n} (y_i - b_0 - b_1 x_i)^2}{\partial b_1} = \sum_{i=1}^{n} \frac{\partial (y_i - b_0 - b_1 x_i)^2}{\partial b_1} = -2 \sum_{i=1}^{n} (y_i - b_0 - b_1 x_i) x_i$$

Setzen wir die ersten partiellen Ableitungen Null und multiplizieren mit $-0{,}5$, so kommen wir zu den Bedingungen für die Bestimmung der Regressionsparameter:

$$(6.34) \qquad \sum_{i=1}^{n} (y_i - b_0 - b_1 x_i) = 0$$

$$(6.35) \qquad \sum_{i=1}^{n} (y_i - b_0 - b_1 x_i) x_i = 0$$

Die erste Bedingung wird nach b_0 gelöst. Zunächst gilt:

$$(6.36) \qquad \sum_{i=1}^{n} (y_i - b_0 - b_1 x_i) = \sum_{i=1}^{n} y_i - n b_0 - b_1 \sum_{i=1}^{n} x_i = n(\overline{y} - b_0 - b_1 \overline{x})$$

Division durch n und anschließendes Lösen nach b_0 führt auf:

Ermittlung des absoluten Gliedes der Regressionsgeraden:
(6.37) $b_0 = \overline{y} - b_1 \overline{x}$ $\qquad$ $\overline{x}, \overline{y}$ = arithmetische Mittel

als Bestimmungsgleichung für das *absolute Glied* b_0, den Ordinatenabschnitt der Regressionsgeraden.

Die zweite Bedingung – Gleichung (6.35) – wird, nachdem (6.37) eingesetzt worden ist, nach b_1 gelöst. Zunächst gilt wiederum:

$$(6.38) \quad \sum_{i=1}^{n} (y_i - (\overline{y} - b_1 \overline{x}) - b_1 x_i) x_i$$

$$= \sum_{i=1}^{n} x_i y_i - (\overline{y} - b_1 \overline{x}) \sum_{i=1}^{n} x_i - b_1 \sum_{i=1}^{n} x_i^2$$

$$= n\left(\frac{1}{n} \sum_{i=1}^{n} x_i y_i - \overline{x}\,\overline{y} + b_1 \cdot \overline{x}^2 - b_1 \frac{1}{n} \sum_{i=1}^{n} x_i^2\right)$$

$$= n(s_{XY} - b_1 s_X^2)$$

Einsetzen in (6.35), Division durch n und Auflösung nach b_1 liefert die Bestimmungsgleichung für den *Regressionskoeffizienten* b_1, der die Steigung der Geraden repräsentiert:

Ermittlung des Regressionskoeffizienten:

$$(6.39) \quad b_1 = \frac{s_{XY}}{s_X^2}$$

Damit ist die Regressionsgerade über die Mittelwerte, die empirische Kovarianz und die Varianz von X eindeutig bestimmt. Das praktische Vorgehen zur Fixierung der Regressionsgeraden vollzieht sich in 4 aufeinander folgenden Rechenschritten:

Arbeitsschritte der Regressionsrechnung:

1. Schritt: Berechnung von Mittelwerten, Varianzen und Kovarianzen
2. Schritt: Überprüfung der Intensität des empirischen Zusammenhanges mit Hilfe des Bravais-Pearson Korrelationskoeffizienten oder besser mit dem Determinationskoeffizienten (vgl. S. 172 f.) (u. U. Abbruch der Regressionsrechnung)
3. Schritt: Ermittlung des Regressionskoeffizienten
4. Schritt: Errechnung des absoluten Gliedes

Beispiel 6.9: Die Regressionsgleichung

Zweifellos besteht ein theoretischer Zusammenhang zwischen dem Einkommen der privaten Haushalte X und ihren Verbrauchsausgaben Y. Wir testen die Stärke und die Art des gesamtwirtschaftlichen Zusammenhanges für die Jahre 1975 bis 1981:

Jahr	Volkseinkommen [Mrd. DM, real 1970]	Privater Verbrauch [Mrd. DM, real 1970]
1975	586,3	426,6
1976	618,1	441,0
1977	635,4	456,3
1978	657,4	474,4
1979	683,4	490,1
1980	691,0	498,6
1981	684,6	493,2

Quelle: Institut der Deutschen Wirtschaft, eigene Berechnungen

1. Schritt: Mittelwerte, Varianzen, Kovarianz

i	x_i	y_i	$(x_i-\overline{x})$	$(x_i-\overline{x})^2$	$(y_i-\overline{y})$	$(y_i-\overline{y})^2$	$(x_i-\overline{x}) \cdot (y_i-\overline{y})$
1	586,3	426,6	−64,6	4 173,2	−42	1 764,0	2 713,2
2	618,1	441,0	−32,8	1 075,8	−27,6	761,8	905,3
3	635,4	456,3	−15,5	240,3	−12,3	151,3	190,7
4	657,4	474,4	6,5	42,3	5,8	33,6	37,7
5	683,4	490,1	32,5	1 056,3	21,5	462,3	698,8
6	691,0	498,6	40,1	1 608,0	30	900,0	1 203,0
7	684,6	493,2	33,7	1 135,7	24,6	605,2	829,0
Σ	4 556,2	3 280,2	–	9 331,6	–	4 678,2	6 577,7
$\frac{1}{n}\Sigma$	650,9	468,6	–	1 333,1	–	668,3	939,7
	$\overline{x}$	$\overline{y}$		s_X^2		s_Y^2	s_{XY}

2. Schritt: Bravais-Pearson-Korrelationskoeffizient

$$r = \frac{s_{XY}}{\sqrt{s_X^2 s_Y^2}} = \frac{939{,}7}{\sqrt{1\,333{,}1 \cdot 668{,}3}} = 0{,}996$$

Offenbar besteht ein sehr stark positiver Zusammenhang, daher kann die Regressionsrechnung fortgeführt werden.

3. Schritt: Regressionskoeffizient

$$b_1 = \frac{s_{XY}}{s_X^2} = \frac{939{,}7}{1\,333{,}1} = 0{,}705$$

4. Schritt: absolutes Glied

$$b_0 = \bar{y} - b_1 \bar{x} = 468{,}6 - 0{,}705 \cdot 650{,}9 = 9{,}72$$

Die Regressionsgleichung lautet:

$$y = 9{,}72 + 0{,}705 \cdot x$$

Der einkommensunabhängige private Verbrauch beträgt 9,72 Mrd. DM; von jeder Mark des Volkseinkommens werden obendrein 70,5 DPf als einkommensabhängiger Verbrauch verausgabt.

Abbildung 54: Regressionsgleichung zum Beispiel 6.9

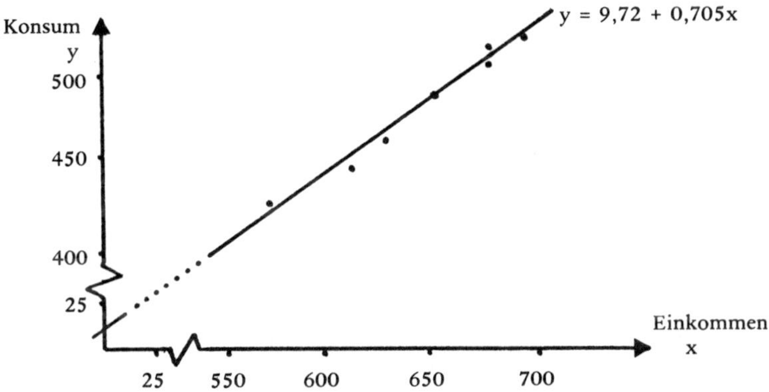

Die berechnete Regressionsgerade ermöglicht eine Aussage über die zu erwartende Größe des Merkmals Y, wenn eine Merkmalsausprägung x fixiert ist. Die Kenntnis des funktionalen Zusammenhanges zwischen X und Y erweist sich insbesondere dann als sehr nützlich, wenn Y eine Zielsetzung ist und X das diese Zielsetzung beeinflussende Instrument. Die aus der Zeitverzögerung zwischen dem Instrumenteneinsatz (bspw. Senkung des Zinssatzes) und der Auswirkung auf die Zielgröße (Steigerung der Investitionen) resultierende Unsicherheit über das Ausmaß einer zu wählenden Aktion kann durch eine mehr oder minder zuverlässige Prognose der Zielgröße über die für die Vergangenheit zwischen den Merkmalen geschätzte Regressionsgerade vermindert werden. Ein großer Teil des statistischen Methodenbereichs „Ökonometrie"[1]) befaßt sich mit zeitverzögerten Merkmalszusammenhängen, um wirtschaftstheoretische Erklärungs- und Prognosemodelle zu konzipieren.

3.3 Eigenschaften der Regressionsgeraden

Das Regressionsmodell führt auf einige interessante Eigenschaften der Regressionsfunktion, die insbesondere bei Formulierung eines wahrscheinlichkeitstheoretischen Regressionsmodells eine besondere Bedeutung gewinnen.

a_1) Die Summe der *Residuen* $\sum_{i=1}^{n} e_i$ ist Null.

(6.40) $$0 = \sum_{i=1}^{n} (y_i - b_0 - b_1 x_i) = \sum_{i=1}^{n} (y_i - y_i^e) = \sum_{i=1}^{n} e_i$$

Man spricht von der Fehlerausgleicheigenschaft der Regressionsgeraden.

a_2) Das arithmetische Mittel der Schätzwerte y_i^e entspricht dem der beobachteten Werte y_i.

(6.41) $$\overline{y}^e = \frac{1}{n} \sum_{i=1}^{n} y_i^e = \frac{1}{n} (\sum_{i=1}^{n} y_i^e + \sum_{i=1}^{n} e_i)$$

$$= \frac{1}{n} \sum_{i=1}^{n} (b_0 + b_1 x_i + e_i) = \frac{1}{n} \sum_{i=1}^{n} y_i = \overline{y}$$

a_3) Die Regressionsgerade läuft durch den Schwerpunkt der Punktewolke im Streuungsdiagramm.

Die Bestimmungsgleichung (6.37) für b_0 läßt sich umformen zu:

(6.42) $$\overline{y} = b_0 + b_1 \overline{x}$$

a_4) Die Varianz der Schätzgrößen Y^e ist das b_1^2-Vielfache der Varianz von X.

---

[1]) Vgl. Assenmacher, W.: Einführung in die Ökonometrie, München-Wien 1980, Schneeweiß, H.: Ökonometrie, Würzburg 1970, oder jedes andere Ökonometrie-Buch.

$$(6.43)\quad s^2_{Y^e} = \frac{1}{n}\sum_{i=1}^{n}(y_i^e - \overline{y}^e)^2 = \frac{1}{n}\sum_{i=1}^{n}(y_i^e - \overline{y})^2$$

$$= \frac{1}{n}\sum_{i=1}^{n}(b_0 + b_1 x_i - b_0 - b_1 \overline{x})^2$$

$$= \frac{1}{n}\sum_{i=1}^{n} b_1^2 (x_i - \overline{x})^2 = b_1^2 s_X^2 .$$

a_5) Die Größe des Meßfehlers oder Zufallseinflusses E ist unabhängig von der Größe der erklärenden Variablen X.

Zum Nachweis eines Korrelationskoeffizienten von Null reicht es, das Verschwinden[1]) der Kovarianz aufzuzeigen.

$$(6.44)\quad s_{EX} = \frac{1}{n}\sum_{i=1}^{n}(e_i - \overline{e})(x_i - \overline{x}) = \frac{1}{n}\sum_{i=1}^{n} e_i x_i - 0 \cdot \overline{x}$$

$$= \frac{1}{n}\sum_{i=1}^{n}(y_i - b_0 - b_1 x_i)x_i = 0 \quad ^{2)}$$

a_6) Ebenfalls Unabhängigkeit besteht zwischen der Größe der Schätzwerte y_i^e und der Größe der Residuen e_i. Wieder reicht der Nachweis einer Kovarianz von Null.

$$(6.45)\quad s_{EY^e} = \frac{1}{n}\sum_{i=1}^{n}(e_i - \overline{e})(y_i^e - \overline{y}^e) = \frac{1}{n}\sum_{i=1}^{n} e_i \cdot y_i^e - 0 \cdot \overline{y}^e$$

$$= \frac{1}{n}\sum_{i=1}^{n} e_i(b_0 + b_1 x_i) = \frac{b_0}{n}\sum_{i=1}^{n} e_i + \frac{b_1}{n}\sum_{i=1}^{n} e_i x_i = 0 \quad ^{3)}$$

a_7) Die Varianz der y_i läßt sich zerlegen in die Varianz der Schätzwerte $s^2_{Y^e}$ und die der Residuen s^2_E.

$$(6.46)\quad s^2_Y = \frac{1}{n}\sum_{i=1}^{n}(y_i - \overline{y})^2 = \frac{1}{n}\sum_{i=1}^{n}((y_i - y_i^e) + (y_i^e - \overline{y}))^2$$

$$= \frac{1}{n}\left[\sum_{i=1}^{n}(y_i - y_i^e)^2 + 2\sum_{i=1}^{n}(y_i - y_i^e)(y_i^e - \overline{y}) + \sum_{i=1}^{n}(y_i^e - \overline{y})^2\right]$$

1) „Verschwinden" bedeutet „Null sein".

2) nach Optimalbeziehung (6.35)

3) Vgl. Beziehungen (6.40) und (6.44)

$$=^{1)} \left[\frac{1}{n} \sum_{i=1}^{n} e_i^2 + 2 \sum_{i=1}^{n} e_i(b_0 + b_1 x_i - b_0 - b_1 \overline{x}) + \sum_{i=1}^{n} (y_i^e - \overline{y}^e)^2\right]$$

$$=^{2)} \frac{1}{n} \sum_{i=1}^{n} (e_i - \overline{e})^2 + \frac{2}{n} b_1 \sum_{i=1}^{n} e_i x_i - \frac{2}{n} b_1 \overline{x} \sum_{i=1}^{n} e_i + \frac{1}{n} \cdot \sum_{i=1}^{n} (y_i^e - \overline{y}^e)^2$$

$$= \quad s_E^2 \quad + \quad 0 \quad + \quad s_{Y^e}^2$$

Die Varianz des zu erklärenden Merkmals Y läßt sich also untergliedern in einen systematisch durch die Veränderungen der Variablen X erklärten Teil $s_{Y^e}^2$, die sog. *erklärte Varianz*, und einen durch Zufallseinflüsse hervorgerufenen Teil s_E^2, die sog. *unerklärte Varianz*.

Varianzzerlegung bei der Regression:
Varianz Y = erklärte Varianz Y + unerklärte Varianz Y

3.4 Das Bestimmtheitsmaß

Es liegt nahe, ein Maß für die Stärke der Beeinflussung von Y durch X über das Verhältnis der erklärten Varianz von Y zur Gesamtvarianz von Y zu definieren. Dieses Verhältnis – wir nennen es *Determinationskoeffizient* oder *Bestimmtheitsmaß* – gibt dann an, welcher Teil der Streuung der y_i durch die Streuung der y_i^e reproduziert wird.

Interessanterweise entspricht das Varianzverhältnis dem Quadrat des Korrelationskoeffizienten:

Das Bestimmtheitsmaß:

$$(6.47) \quad \frac{s_{Y^e}^2}{s_Y^2} =^{3)} \frac{b_1^2 s_X^2}{s_Y^2} =^{4)} \frac{\left(\frac{s_{XY}}{s_X^2}\right)^2 \cdot s_X^2}{s_Y^2} = \frac{s_{XY}^2}{s_X^2 s_Y^2} = r^2,$$

---

1) Zum Mittelwert $\overline{y}$ vergleiche mit (6.42) und (6.41)

2) Vgl. Beziehungen (6.44) und (6.40)

3) Vgl. Beziehung (6.43)

4) Vgl. Beziehung (6.39)

so, daß beide Maßzahlen in einer engen Beziehung zueinander stehen. Wir bezeichnen daher das Verhältnis von erklärter zur Gesamtvarianz als r^2. Das Bestimmtheitsmaß r^2 ist minimal Null, genau dann, wenn auch r Null ist, und maximal 1, wenn gleichfalls der Betrag von r Eins ist.

Beispiel 6.10: Das Bestimmtheitsmaß

Der Determinationskoeffizient im Einkommen-Verbrauchsbeispiel 6.9 ist:

$$r^2 = 0{,}996^2 = 0{,}992$$

99,2 Prozent der Streuung der y_i werden durch die Regressionsgerade – genauer: durch die Streuung der Schätzwerte y_i^e entlang der Regressionsgerade – erklärt.

3.5 Erweiterungen des Regressionsmodells

Nicht selten ist der theoretisch formulierbare Funktionalzusammenhang zwischen zwei Merkmalen nichtlinearer Natur. Trotz eines wahrscheinlich auch empirisch fundierten Zusammenhangs wird der Korrelationskoeffizient keine statistische Interdependenz signalisieren (vgl. auch Beispiel 6.6). Gelingt es jetzt, durch Transformationen der Skalen den empirischen Befund zu linearisieren, so kann das lineare Regressionsmodell auf die transformierten Größen angewendet werden (vgl. S. 204 ff.).

Beispiel 6.11: Linearisierung eines nichtlinearen Zusammenhanges

Ein Kapital von 1 000,– DM wurde über eine Zeit von 40 Jahren angelegt und mit wechselnden Zinssätzen verzinst. Kapitalbestand Y und Anlagedauer X wurden 5jährig erhoben. Es resultierte folgendes Streuungsdiagramm:

Abbildung 55:

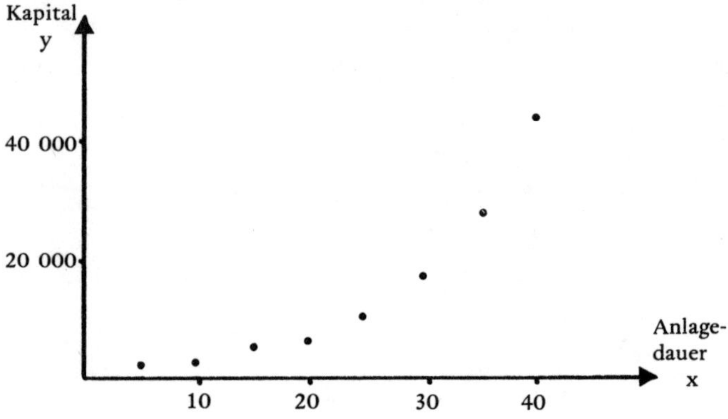

Wenn wir statt Y als neue erklärende Variable ln(Y) einführen, manifestiert sich im Streuungsdiagramm ein linearer Verlauf der Erhebungspaare $(\ln(y_i), x_i)$.

Abbildung 56:

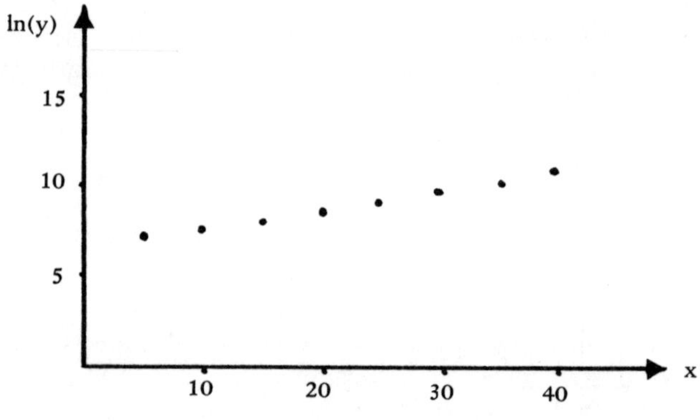

Der Zusammenhang zwischen ln(Y) und X läßt sich sodann über eine lineare Regression bestimmen.

Das einfache Regressionsmodell erschöpft sich im empirischen Nachweis einer theoretisch formulierten Kausalbeziehung zwischen zwei Merkmalen. Gerade aber in der Ökonomie werden Modelle konzipiert, die ökonomischen Größen (bspw. die Investition) über mehrere Ursachen (Zinssatz und Sozialprodukt) zu erklären suchen. Das *multiple Regressionsmodell*[1]) analysiert die geballte Wirkung mehrerer Ursachen $X_1, \ldots, X_m$ auf eine erklärungsbedürftige Variable Y, indem es die y_i über eine Linearkombination der x_{ji} ($j=1, \ldots, m$; $i=1, \ldots, n$) schätzt:

$$(6.48) \quad y_i = b_0 + b_1 x_1 + \ldots + b_m x_m .$$

4 Zusammenfassung, Aufgaben, Literaturhinweise

Zusammenfassung

● *Definition 6.1:* Die **Kontingenztabelle** beschreibt die gemeinsame Verteilung der absoluten Häufigkeiten n_{ij} zweier Merkmale X und Y in Form einer Matrix, deren Feldelemente (a_i,b_j) spezifizierte Ausprägungen der Merkmale enthalten:

[1]) Vgl. Gaensslen, H.; Schubö, W.: Einfache und komplexe statistische Analyse, 2. Aufl., München-Basel 1976, S. 95 ff.; Bleymüller, J.; Gehlert, G.; Gülicher, H.: Statistik für Wirtschaftswissenschaftler, München 1979, S. 159 ff., oder jedes andere Ökonometrie-Buch.

X \ Y	b_1	b_2	...	b_j	...	b_m	Σ
a_1	n_{11}	n_{12}	...	n_{1j}	...	n_{1m}	$n_{1.}$
a_2	n_{21}	n_{22}	...	n_{2j}	...	n_{2m}	$n_{2.}$
⋮	⋮	⋮	⋮	⋮	⋮	⋮	⋮
a_i	n_{i1}	n_{i2}	...	n_{ij}	...	n_{im}	$n_{i.}$
⋮	⋮	⋮	⋮	⋮	⋮	⋮	⋮
a_ℓ	$n_{\ell 1}$	$n_{\ell 2}$	...	$n_{\ell j}$	...	$n_{\ell m}$	$n_{\ell .}$
Σ	$n_{.1}$	$n_{.2}$	...	$n_{.j}$	...	$n_{.m}$	n

Satz 6.1:
Die **gemeinsame Häufigkeitsfunktion** zweier Merkmale X und Y lautet:

$$f_{XY}(x, y) = \begin{cases} \frac{n_{ij}}{n} & \text{für } x = a_i \quad \text{und } y = b_j \\ 0 & \text{sonst} \end{cases}$$

für diskrete Merkmale und

$$f_{XY}(x, y) = \begin{cases} \frac{n_{ij}}{n \cdot \Delta_i \cdot \Delta_j} & \text{für } \begin{array}{l} a_i^u \leqslant x < a_i^o \\ b_j^u \leqslant x < b_j^o \end{array} \\ 0 & \text{sonst} \end{cases}$$

für stetige Merkmale.

● *Definition 6.2:* Die **Randverteilung** beschreibt die Verteilung eines Merkmals X ohne Rücksicht auf das andere Y:

$$f_X(x) = \begin{cases} \frac{n_{i.}}{n} & \text{für } \quad x = a_i \\ 0 & \text{sonst} \end{cases} \qquad \text{(diskrete Merkmale)}$$

bzw.

$$f_X(x) = \begin{cases} \dfrac{n_{i.}}{n \cdot \Delta_i} & \text{für} \quad a_i^u \leq x < a_i^o \\ & \qquad\qquad \text{(stetige Merkmale)} \\ 0 & \text{sonst} \end{cases}$$

Satz 6.2:
Sind die Merkmale X und Y **statistisch unabhängig**, dann gilt:

$$f_{XY}(a_i, b_j) = f_X(a_i) \cdot f_Y(b_j) \qquad \begin{matrix} i=1, \ldots, \ell \\ j=1, \ldots, m \end{matrix}$$

Die gemeinsame Häufigkeitsfunktion ist das Produkt der Randverteilungen.

● *Definition 6.3:* Die **quadratische Kontingenz** χ^2 mißt die Abweichungen einer zweidimensionalen Häufigkeitsverteilung von der bei Unabhängigkeit der Merkmale resultierenden Verteilung. Sei $\overline{n}_{ij}$ die bei Unabhängigkeit resultierende Häufigkeit im Matrixfeld (a_i,b_j), dann ist:

$$\chi^2 := \sum_{i=1}^{\ell} \sum_{j=1}^{m} \frac{(n_{ij} - \overline{n}_{ij})^2}{\overline{n}_{ij}}$$

Der **Kontingenzkoeffizient** ist ein universelles Abhängigkeitsmaß für diskrete Merkmale, das den Grad der Abhängigkeit auf ein Intervall von 0 (keine Abhängigkeit) bis +1 (sehr starke Abhängigkeit) projiziert:

$$r := \sqrt{\frac{\chi^2}{n+\chi^2}}$$

● *Definition 6.4:* **Korrelationskoeffizienten** messen die Merkmalsinterdependenz zweier Merkmale, in Richtung (Vorzeichen) und Intensität (Zahlengröße), zumeist in einem Intervall von −1 bis +1.

● *Definition 6.5:* Die **Kovarianz** ist ein metrisches Abhängigkeitsmaß zweier Merkmale X und Y:

$$s_{XY} := \frac{1}{n} \sum_{i=1}^{n} (x_i - \overline{x})(y_i - \overline{y}) \qquad \overline{x}, \overline{y} = \text{arithmetische Mittel}$$

$$= \frac{1}{n} \sum_{i=1}^{n} x_i y_i - \overline{x}\,\overline{y}$$

● *Definition 6.6:* Der **Korrelationskoeffizient nach Bravais-Pearson** normiert die Kovarianz auf ein Intervall zwischen –1 und +1 und erzeugt damit ein Intervallskala beanspruchendes Abhängigkeitsmaß, das Richtung und Intensität einer Merkmalsinterdependenz anzeigt:

$$r := \frac{s_{XY}}{s_X s_Y} = \frac{s_{XY}}{\sqrt{s_X^2 s_Y^2}}$$

● *Definition 6.7:* Der **Rangkorrelationskoeffizient nach Spearman** ist der auf die Rangplätze $^r x_i$, $^r y_i$ zweier mindestens ordinalskalierter Merkmale angewandter Korrelationskoeffizient nach Bravais-Pearson:

$$r := 1 - \frac{6 \sum_{i=1}^{n} ({}^r x_i - {}^r y_i)^2}{(n-1) \cdot n \cdot (n+1)}$$

● *Definition 6.8:* Der **Korrelationskoeffizient nach Fechner** zählt den Anteil der Übereinstimmungen bzw. Nichtübereinstimmungen der Vorzeichen in den Paaren $((x_i - \overline{x}); (y_i - \overline{y}))$ aus:

$$r := \frac{1}{n} \sum_{i=1}^{n} \operatorname{sgn}((x_i - \overline{x})(y_i - \overline{y}))$$

$\overline{x}, \overline{y}$ = Median

● *Definition 6.9:* Die **Regressionsgerade** ist eine Funktion $y = b_0 + b_1 x$, die so durch eine Punktwolke von Merkmalspaaren (x_i, y_i) mindestens intervallskalierter Merkmale X und Y gelegt wird, daß die quadrierten Abweichungen der y_i von der Geraden minimal sind:

$$(y_i - b_0 - b_1 x_i)^2 \rightarrow \min!$$

Satz 6.3:
Die quadratische Minimalabweichung der y_i von der Geraden wird genau dann erreicht, wenn:

$$b_1 = \frac{s_{XY}}{s_X^2} \quad \text{und} \quad b_0 = \overline{y} - b_1 \overline{x}$$

$\overline{x}, \overline{y}$ = arithmetische Mittel

● *Definition 6.10:* Das **Bestimmheitsmaß**, auch genannt **Determinationskoeffizient**, mißt den Anteil der durch die Regressionsgerade erklärten Streuung der y_i:

$$r^2 = \frac{s_{Y^e}^2}{s_Y^2} = \frac{s_{XY}^2}{s_X^2 \cdot s_Y^2}$$

Aufgaben

6.1) In einer breit angelegten Untersuchung wurden für 200 Betriebe die Art des Führungsstils (autoritär, kooperativ) und die Gesellschaftsform (KG, GmbH, AG) in Zusammenhang gebracht. Die Betriebe verteilten sich wie folgt auf die Felder der Kontingenztabelle:

Gesellschaftsform

Führungsstil	KG	GmbH	AG
autoritär	41	48	28
kooperativ	19	32	32

a) Wie würde die Tabelle lauten, wenn die Merkmale statistisch unabhängig sind?

b) Berechnen Sie den Kontingenzkoeffizienten.

6.2) Weisen Sie nach, daß für die Kovarianz gilt:

$$s_{XY} = \frac{1}{n} \sum_{i=1}^{n} x_i y_i - \bar{x}\,\bar{y} \qquad \bar{x}, \bar{y} = \text{arithmetisches Mittel}$$

6.3) Analysieren Sie mit Hilfe aller zulässigen Korrelationskoeffizienten den Zusammenhang zwischen Intelligenzquotient X und Monatseinkommen Y für die 10 nachfolgenden Merkmalsträger.

Intelligenz [IQ]	120	105	98	132	88	102	109	93	136	82
Einkommen [DM]	3 500	4 300	2 300	5 200	2 000	2 600	3 200	2 200	3 300	1 900

6.4*) Zeigen Sie, daß für den Bravais-Pearson-Korrelationskoeffizienten gilt:

$$-1 \leqslant r \leqslant 1$$

6.5) Testen Sie mit Hilfe der linearen Regression den Zusammenhang zwischen Sozialprodukt X und Steueraufkommen Y für die Jahre 1970–79.

Jahr	1970	1971	1972	1973	1974	1975	1976	1977	1978	1979
Sozialprodukt [Mrd. DM]	679,0	701,7	727,3	763,0	765,7	752,3	792,0	812,2	840,8	877,5
Steueraufkommen [Mrd. DM]	83,7	85,6	89,4	95,3	92,1	86,7	92,2	97,7	100,6	104,5

Quelle: BMWI

Literaturhinweise

Bamberg, G.; Baur, F.: Statistik, München-Wien 1980

Bleymüller, J.; Gehlert, G.; Gülicher, H.: Statistik für Wirtschaftswissenschaftler, München 1979

Gaensslen, H.; Schubö, W.: Einfache und komplexe statistische Analyse, 2. Aufl., München-Basel 1976

Harff, P.; Stöckmann, M.: Wirtschaftsstatistik in: Gieseking Wirtschaftsgrundrisse, Bd. 16, Bielefeld 1977

Hochstädter, D.: Einführung in die statistische Methodenlehre, 2. Aufl., Frankfurt a. M.-Bern-Las Vegas 1978

Kellerer, H.: Statistik im modernen Wirtschafts- und Sozialleben, 16. Aufl., Reinbek 1974

Schaffranek, M.: Wirtschafts- und Bevölkerungsstatistik, in: Schaeffers Grundriß des Rechts und der Wirtschaft, Band 100, Hrsg.: Schachtschabel, H. G., Stuttgart-Berlin-Köln-Mainz 1980
Swoboda, H.: Knaurs Buch der modernen Statistik, München-Zürich 1971
Wetzel, W.: Statistische Grundausbildung für Wirtschaftswissenschaftler, Band 1: Beschreibende Statistik, Berlin-New York 1971.

Kapitel 7
VERHÄLTNIS- UND INDEXZAHLEN

1 Verhältniszahlen

Ganz allgemein gesprochen sind *Verhältniszahlen* V Zahlenverhältnisse zweier statistischer Größen x und y:

Definition von Verhältniszahlen:

(7.1) $V := \frac{x}{y}$ x,y = statistische Merkmalswerte

Sie begegnen uns sehr häufig im alltäglichen Leben als Zuteilungsverhältnisse – Anzahl der Telefonanschlüsse pro Kopf der Bevölkerung –, als Quoten – Anteil des Arbeitslosenversicherungsbeitrages am Bruttoeinkommen –, oder in anderen Formen. Je nachdem in welcher sachlogischen Beziehung x und y stehen, unterscheidet man zwischen Gliederungs-, Beziehungs- und Meßzahlen.

1.1 Gliederungszahlen

Gliederungszahlen messen die Struktur einer Gesamtheit. Sie beschreiben, zu welchen Anteilen sich ein Ganzes in seine Einzelteile untergliedert. Die Verteidigungsausgaben des Bundes sind ein Teil des Gesamthaushaltes, so daß der Anteil der Verteidigungsausgaben am Bundeshaushalt eine Gliederungszahl darstellt. Generell gilt für eine Gliederungszahl: das Kriterium x ist in y enthalten.

Beispiel 7.1: Gliederungszahlen

$$\frac{\text{Ausländer in der Stadt Kassel 1982}}{\text{Gesamtbevölkerung der Stadt Kassel 1982}}$$

$$\frac{\text{Neugeborene in der Stadt Hamburg 1979}}{\text{Neugeborene in der Bundesrepublik 1970–80}}$$

$$\frac{\text{Bruttoinlandsprodukt des Landes Hessen 1981}}{\text{Bruttoinlandsprodukt der Bundesrepublik 1981}}$$

1.2 *Beziehungszahlen*

Beziehungszahlen beziehen sachfremde Größen, die in örtlicher und zeitlicher Hinsicht gleichartig charakterisiert sind, aufeinander. Im ökonomischen Bereich wird sehr viel mit Beziehungszahlen argumentiert; sie dienen hier als Indikatoren komplexer Phänomene. Gerade weil das zu beschreibende Phänomen und die damit verbundene Fragestellung eine ganz besondere Artung aufweist, ist es häufig in das Ermessen des Wissenschaftlers gestellt, geeignete Verhältnisse sachfremder Kriterien als Indikatoren der Situation zu formulieren.

Die Kraftfahrzeugdichte in der Bundesrepublik Deutschland läßt sich auf drei verschiedene Arten definieren, je nachdem welche Fragestellung es zu analysieren gilt:

1. $$\frac{\text{Anzahl Kraftfahrzeuge Bundesrepublik 1981}}{\text{Fläche Bundesrepublik 1981}}$$

   Dieser Indikator dürfte in Analysen über die Umweltbelastung durch den Verkehr auftauchen, denn die Anzahl von Kraftfahrzeugen pro Flächeneinheit wird sich sicherlich proportional zur Abgasbelästigung verhalten.

2. $$\frac{\text{Anzahl Kraftfahrzeuge Bundesrepublik 1981}}{\text{Straßenkilometer Bundesrepublik 1981}}$$

   Bei Durchfluß- und Kapazitätsrechnungen in der Verkehrsplanung interessiert die allgemeine Auslastung des vorhandenen Verkehrswegenetzes, entsprechend wird die Anzahl der Kraftfahrzeuge auf die Größe des Straßennetzes bezogen.

3. $\frac{\text{Anzahl Kraftfahrzeuge Bundesrepublik 1981}}{\text{Wohnbevölkerung Bundesrepublik 1981}}$

Im internationalen Lebensstandardvergleich spielen immer wieder sog. Wohlstandsindikatoren eine Rolle, die dadurch ermittelt werden, daß die Versorgung einer Nation mit einem bestimmten Gut – hier: Kraftfahrzeuge – zur Bevölkerung ins Verhältnis gesetzt wird.

Beispiel 7.2: Beziehungszahlen

$$\text{Arbeitsproduktivität} = \frac{\text{Sozialprodukt}}{\text{Erwerbstätige}}$$

$$\text{Umsatzrentabilität} = \frac{\text{Gewinn}}{\text{Umsatz}}$$

$$\text{Kapitalintensität} = \frac{\text{Kapitaleinsatz}}{\text{Arbeitseinsatz}}$$

1.3 Meßzahlen

Verhältnisse sachlich gleichartiger, jedoch entweder in zeitlicher oder örtlicher Hinsicht unterschiedlich abgegrenzter statistischer Größen werden als *Meßzahlen* bezeichnet. Bis auf einen Orts- oder Zeitindex stimmen x und y überein. In der Praxis treten diese Verhältniszahlen zumeist in gleichartiger Ortsbezogenheit mit unterschiedlichem Zeitindex auf.

Beispiel 7.3: Meßzahlen

$$\frac{\text{Umsatz Kaufhaus Meyer 1981}}{\text{Umsatz Kaufhaus Meyer 1980}}$$

$$\frac{\text{Anzahl Arbeitslose Bundesrepublik 1981}}{\text{Anzahl Arbeitslose Bundesrepublik 1980}}$$

$$\frac{\text{Geschwindigkeit nach 3 Kilometern}}{\text{Geschwindigkeit nach 2 Kilometern}}$$

Meßzahlen repräsentieren Wachstumsfaktoren. Zieht man von der Meßzahl Eins ab, so läßt sich direkt die Wachstumsrate der nur zeitlich oder örtlich unterschiedenen Merkmalswerte x_i angeben. *Meß-*

zahlenreihen reflektieren die Entwicklung eines statistischen Kriteriums. Ist bspw. t der Zeitindex der Merkmalsausprägung x_t, so kann eine Meßzahlenreihe folgende Gestalt haben:

$$(7.2)\quad V_{00} := \frac{x_0}{x_0}\,;\quad V_{01} := \frac{x_1}{x_0}\,;\quad V_{02} := \frac{x_2}{x_0}\,;\ldots;V_{0t} := \frac{x_t}{x_0}\,;\ldots$$

Es ist nicht erforderlich, daß Meßzahlenreihen wie in (7.2) immer die Ausgangsperiode (t = 0) als Basis haben, vielmehr kann jede andere Periode auch Basis sein, zulässig ist sogar ein ständiges Wechseln der Basis, bspw. wenn die Entwicklung von Periodenwachtumsfaktoren veranschaulicht werden soll:

$$(7.3)\qquad V_{01}\,;\quad V_{12}\,;\quad V_{23};\ \ldots;\ V_{t-1,t}\,;\ldots$$

Nicht selten findet man Meßziffernreihen vor, bei denen neuere Werte auf eine andere Basis bezogen wurden, so daß ältere und neuere Werte nicht sofort vergleichbar sind. Über eine sehr einfache *Umbasierung* kann die Vergleichbarkeit der Reihen hergestellt werden:

$$(7.4)\qquad V_{01};\ V_{02};\ V_{03};\ \ldots;\ V_{0\tau};$$
$$V_{\tau,\tau+1};\ V_{\tau,\tau+2};\ \ldots;\ V_{\tau t};\ \ldots$$

Entweder wird die ältere Reihe auf die neue Basisperiode τ gebracht, oder die neue auf die alte Basisperiode 0 bezogen. Wenn zeitlich vorwärts auf die Basis τ umbasiert werden soll, sind die Meßzahlen:

$$(7.5)\qquad V_{\tau k} = \frac{x_k}{x_\tau} = \frac{x_k}{x_0} : \frac{x_\tau}{x_0} = \frac{V_{0k}}{V_{0\tau}} \qquad (k = 1, \ldots, \tau),$$

bei zeitlich rückwärtiger Umbasierung sind die Meßzahlen:

$$(7.6)\qquad V_{0,\tau+k} = \frac{x_{\tau+k}}{x_0} = \frac{x_{\tau+k}}{x_\tau} \cdot \frac{x_\tau}{x_0} = V_{\tau,\tau+k} \cdot V_{0\tau} \quad (k = 1,2, \ldots)$$

zu bilden. Die beiden Reihen lassen sich dann jeweils an ihren Bruchstellen fortsetzen:

$$(7.7)\quad \underline{V_{01}; V_{02}; \ldots, V_{0\tau};}\ V_{\tau,\tau+1} \cdot V_{0\tau}\,;\ V_{\tau,\tau+2} \cdot V_{0\tau};\ \ldots;\ V_{\tau t} \cdot V_{0\tau};\ \ldots$$

$$\frac{V_{01}}{V_{0\tau}}\,;\frac{V_{02}}{V_{0\tau}};\ \ldots;\ 1\ ;\ \underline{V_{\tau,\tau+1}\ ;\quad V_{\tau,\tau+2}\quad ;\ \ldots;\ V_{\tau,t}\quad ;\ \ldots}$$

Beispiel 7.4: Umbasieren einer Meßzahlenreihe

Eine Umsatzstatistik weist die Umsatzsteigerungsfaktoren für die Jahre 1971–1980 aus. Die Meßzahlen von 70–75 wurden auf die Basis 1970, die von 76–80 auf die Basis 1975 bezogen.

t	71	72	73	74	75	76	77	78	79	80
$V_{70,t}$	1,1	1,2	1,4	1,6	1,7					
$V_{75,t}$						1,2	1,4	1,5	1,6	1,6

Für die Jahre 1971–1975 rechnen wir:

$V_{75,t} = \dfrac{V_{70,t}}{V_{70,75}}$ 0,65; 0,71; 0,82; 0,94; 1

Für die Jahre 1976–1980:

$V_{70,t} = V_{75,t} \cdot V_{70,75}$ 2,04; 2,38; 2,55; 2,72; 2,72

Die Reihe lautet dann, bezogen auf 70 und 75:

t	71	72	73	74	75	76	77	78	79	80
$V_{70,t}$	1,1	1,2	1,4	1,6	1,7	2,04	2,38	2,55	2,72	2,72
$V_{75,t}$	0,65	0,71	0,82	0,94	1	1,2	1,4	1,5	1,6	1,6

2 Indexzahlen

Mit Meßzahlen haben wir Wachstumsfaktoren statistischer Größen ausgedrückt. *Indexzahlen* dienen ebenfalls dem Zweck, das Wachstum anzuzeigen. Allerdings beschreibt die Indexzahl nicht wie die Meßzahl die Entwicklung nur eines statistischen Kriteriums, sondern den Wachstumsprozeß eines Aggregates sachlich zusammenhängender Kriterien. Damit führt die Berechnung einer Indexzahl zur umfassenden Reduktion komplexer statistischer Einzelinformationen auf eine einzige Maßzahl.

2.1 *Preisindices*

2.1.1 *Der Laspeyres- und der Paasche-Index*

Ein *Preisindex* P informiert über den allgemeinen Preisanstieg einer Menge von n Gütern und Dienstleistungen i zwischen der Berichtsperiode τ und der Basisperiode 0. Er berechnet sich als arithmetisches Mittel der zugehörigen Preismeßzahl $\frac{p_\tau(i)}{p_0(i)}$ (i = 1,2, ...,n). Die einfachste Möglichkeit ist, die Preismeßzahlen aller Güter mit dem gleichen Gewicht in die Berechnung eingehen zu lassen:

(7.8) $$P_{0\tau} = \frac{1}{n} \sum_{i=1}^{n} \frac{p_\tau(i)}{p_0(i)}$$

Preisbewegungen werden von den Verbrauchern stärker wahrgenommen, wenn sie wichtige Güter des täglichen Bedarfs, für deren Kauf ein großer Teil des Einkommens verwendet wird, treffen. Dieser Tatbestand kommt jedoch im o. a. Index nicht zur Geltung. Deshalb gewichten wir die einzelnen Preismeßzahlen mit ihrem Ausgabenanteil g(i,t) am Gesamtbudget unter Verwendung der Preise der Basisperiode:

(7.9) $$g(i,t) := \frac{p_0(i)\, q_t(i)}{\sum_{i=1}^{n} p_0(i)\, q_t(i)}$$ $q_t(i)$ = gekaufte Menge des Gutes i in Periode t

Diese Gewichtung führt nur dann zu eindeutigen Ergebnissen, wenn sowohl in der Basis- als auch in der Berichtsperiode gleiche mengenmäßige Verbrauchsgewohnheiten anzutreffen sind. Da das der Ausnahmefall ist, unterscheidet man Preisindices gewogen mit den Ausgabenanteilen g(i,0) der Basisperiode – *Laspeyres-Preisindex* $P^L_{0\tau}$ –:

Der Laspeyres-Preisindex:

$$(7.10)\quad P^L_{0\tau} := \frac{1}{\sum_{i=1}^{n} p_0(i)\, q_0(i)} \cdot \sum_{i=1}^{n} p_0(i)\, q_0(i) \cdot \frac{p_\tau(i)}{p_0(i)} = \frac{\sum_{i=1}^{n} p_\tau(i)\, q_0(i)}{\sum_{i=1}^{n} p_0(i)\, q_0(i)}$$

und Preisindices gewogen mit den Ausgabenanteilen $g(i,\tau)$ in der Berichtsperiode – *Paasche-Preisindex* $P^P_{0\tau}$ –:

Der Paasche-Preisindex:

$$(7.11)\quad P^P_{0\tau} := \frac{1}{\sum_{i=1}^{n} p_0(i)\, q_\tau(i)} \cdot \sum_{i=1}^{n} p_0(i)\, q_\tau(i) \cdot \frac{p_\tau(i)}{p_0(i)} = \frac{\sum_{i=1}^{n} p_\tau(i)\, q_\tau(i)}{\sum_{i=1}^{n} p_0(i)\, q_\tau(i)}$$

Beispiel 7.5: Laspeyres- und Paasche-Preisindex

Ein Zündwarenhersteller setzt in seiner Produktion die Faktoren Holz, Zündmasse und Arbeitskraft ein. Den Preis seiner Zündwaren bestimmt er über den Preisindex seiner Einsatzfaktoren.

1979 benötigte er:

Faktor	Menge	Preis
Holz	20 t	1 000 DM/t
Zündmasse	5 t	10 000 DM/t
Arbeit	2 000 h	20 DM/h

1981 benötigte er:

Faktor	Menge	Preis
Holz	40 t	1 600 DM/t
Zündmasse	12 t	10 000 DM/t
Arbeit	2 000 h	25 DM/h

Laspeyres-Index:

$$P_{02}^{L} = \frac{1\,600 \cdot 20 + 10\,000 \cdot 5 + 25 \cdot 2\,000}{1\,000 \cdot 20 + 10\,000 \cdot 5 + 20 \cdot 2\,000} = 1{,}20$$

Paasche-Index:

$$P_{02}^{P} = \frac{1\,600 \cdot 40 + 10\,000 \cdot 12 + 25 \cdot 2\,000}{1\,000 \cdot 40 + 10\,000 \cdot 12 + 20 \cdot 2\,000} = 1{,}17$$

Der Laspeyres-Index weist eine Kostensteigerung von 20 % in den beiden Jahren, der Paasche-Index eine von 17 % auf.

Nicht nur im obigen Beispiel, sondern fast generell wird der Laspeyres-Index größere Preissteigerungen anzeigen als der Paasche-Index. Dies hängt mit einer systematischen Reaktion der Käufer auf Preissteigerungen zusammen. Der mengenmäßige Verbrauch stark verteuerter Güter wird zugunsten des Konsums verbilligter Waren eingeschränkt – sog. *Substitutionseffekt* –, so daß der nachgefragte Güterkorb in der Berichtsperiode zumeist die verteuerten Güter in geringeren, die verbilligten Güter aber in größeren Mengen enthält.

Zu dem Problem der Änderung von Verbrauchsgewohnheiten tritt noch das der Änderung von Produktqualitäten. Die Verteuerung eines Produktes wird häufig begleitet von einer leichten Modifikation seiner Wesensmerkmale. Die verteuerte Versicherung deckt Schadensfälle bis zu einer höheren Schadenssumme, das verteuerte Fernsehgerät wird mit Fernbedienung ausgestattet. Aus dem Alltagsleben lassen sich viele derartige Beispiele anführen, in denen Preiserhöhungen mit Qualitätsänderungen gekoppelt werden. Werden diese Qualitätsänderungen nicht im Index berücksichtigt, so kommt es zur Überschätzung der Verteuerung, wenn auch gleichzeitig überwiegend bessere Qualitäten produziert werden bzw. zur Unterschätzung, wenn alte Qualitätsstandards nicht weiter aufrechterhalten werden.

Das Statistische Bundesamt veröffentlicht regelmäßig den *Preisindex der Lebenshaltungskosten* getrennt für drei repräsentative Haushaltstypen, den 4-Personen-Arbeitnehmerhaushalt mit mittlerem Einkommen, den 4-Personen-Haushalt von Angestellten oder Beamten mit höherem Einkommen und den 2-Personen-Haushalt von Rentnern und Sozialhilfeempfängern. Darüber hinaus werden noch Preisindices für verschiedene Güterbedarfsgruppen, Einfuhrpreisindices, Ausfuhrpreisindices und einiges mehr berechnet.

All diesen Indexberechnungen gemein ist, daß sie auf einem sog. *Warenkorb* basieren, der die nachgefragten Gütermengen in einer für die Haushalts- oder Bedarfsgruppe repräsentativen Proportion enthält. Dieser Warenkorb ist für das Basisjahr ermittelt. Alle berechneten Preisindices sind damit vom Typ Laspeyres, der insbesondere bei der Erstellung längerer Zeitreihen gegenüber dem Paasche-Index einige Vorteile aufweist:

1. Der Warenkorb bleibt, da er für das Basisjahr ermittelt ist, über einen längeren Zeitraum konstant, die Zeitreihenwerte sind somit gut vergleichbar.
2. Zur Berechnung bedarf es einer regelmäßigen Erhebung der Preise, eine zusätzlich regelmäßige Erhebung der Verbrauchsmengen wie beim Paasche-Index entfällt.
3. Neuartige Güter, die in den sich ständig anpassenden Warenkorb des Paasche-Index gelangen können, haben in der Basisperiode noch keinen Preis, so, daß der Index nur unter Verwendung fiktiver Preise berechenbar bleibt.

2.1.2 Weitere Preisindices

Zahlreich sind die Versuche, Abweichungen, wie sie sich aus den unterschiedlichen Ergebnissen von Laspeyres- und Paasche-Index ergeben, durch Formulierung eines Idealindexes zu beseitigen.

Lowe schlägt eine Gewichtung der Preismeßzahlen mit von der Basis- und Berichtsperiode losgelösten Ausgabenanteilen g(i) eines mehrjährigen Verbrauchsdurchschnitts vor:

$$(7.12) \quad P_{0\tau} := \frac{\sum_{i=1}^{n} p_\tau(i)\, q(i)}{\sum_{i=1}^{n} p_0(i)\, q(i)}$$

In den Preisindex von Edgeworth-Marshall gehen gleichermaßen die Ausgabenanteile der Beobachtungs- wie der Basisperiode ein:

$$(7.13)\quad P_{0\tau} := \frac{\sum_{i=1}^{n} p_\tau(i)\,(q_0(i) + q_\tau(i))}{\sum_{i=1}^{n} p_0(i)\,(q_0(i) + q_\tau(i))}$$

Drobisch berechnet das arithmetische Mittel aus dem Laspeyres- und dem Paasche-Index:

$$(7.14)\quad P_{0\tau} := \frac{1}{n}\,(P_{0\tau}^{L} + P_{0\tau}^{P}),$$

und Fisher das geometrische Mittel in seiner sog. Idealformel:

$$(7.15)\quad P_{0\tau} := \sqrt{P_{0\tau}^{L} \cdot P_{0\tau}^{P}}$$

Einen stärker von der ökonomischen Theorie geprägten Gedanken zur Formulierung eines Preisindexes verfolgt Wald[1]). Sei M_0 ein in der Basisperiode verausgabter Geldbetrag, der auf den maximal mit diesem erreichbaren Nutzen U_0 führt, und M_τ derjenige Betrag, der in Periode τ mindestens erforderlich ist, dieses Nutzenniveau wieder zu erreichen, dann ist der Preisindex der Quotient beider Ausgaben M_τ/M_1. Im Falle nutzenmaximierender Verhaltensweisen und für gewisse Anforderungen an die Nutzenfunktion führt dieses Konzept auf die Idealform von Fisher[2]).

2.2 *Mengenindices*

Werden Mengenmeßzahlen $\frac{q_\tau(i)}{q_0\,(i)}$ mit den Ausgabenanteilen in der Basis- bzw. Berichtsperiode gewichtet, dann erhalten wir *Mengenindices*, die angeben, welche Mengenänderung im Güter- und Dienstleistungsaggregat aufgetreten ist. Der *Mengenindex nach Laspeyres* gewichtet mit den Ausgabenanteilen der Basisperiode ist:

---

[1]) Wald, A.: A new formula for the cost-of-living, Econometrica 7, 319–331

[2]) Vgl. Menges, G.; Skala, H. J.: Grundriß der Statistik, Teil 2: Daten, Opladen 1973, S. 340 f.

Der Laspeyres-Mengenindex:

$$(7.16)\quad Q_{0\tau}^{L} := \frac{\sum_{i=1}^{n} p_0(i)\, q_\tau(i)}{\sum_{i=1}^{n} p_0(i)\, q_0(i)}$$

Der *Mengenindex nach Paasche* mit den Ausgabenanteilen der Berichtsperiode lautet:

Der Paasche-Mengenindex:

$$(7.17)\quad Q_{0\tau}^{P} := \frac{\sum_{i=1}^{n} p_\tau(i)\, q_\tau(i)}{\sum_{i=1}^{n} p_\tau(i)\, q_0(i)}$$

Beispiel 7.6: Laspeyres- und Paasche-Mengenindex

Zu den Daten des Zündwarenbeispiels 7.5 berechnen sich die Mengenindices wie folgt:

Laspeyres-Index:

$$Q_{02}^{L} = \frac{1\,000 \cdot 40 + 10\,000 \cdot 12 + 20 \cdot 2\,000}{1\,000 \cdot 20 + 10\,000 \cdot 5 + 20 \cdot 2\,000} = 1{,}82$$

Paasche-Index:

$$Q_{02}^{P} = \frac{1\,600 \cdot 40 + 10\,000 \cdot 12 + 25 \cdot 2\,000}{1\,600 \cdot 20 + 10\,000 \cdot 5 + 25 \cdot 2\,000} = 1{,}77$$

Der Laspeyres-Index weist eine Einsatzmengensteigerung von 82 Prozent in den beiden Jahren, der Paasche-Index eine von 77 Prozent aus.

2.3 *Verkettung und Verknüpfung von Indexreihen*

Häufig wechseln Indexreihen ihre Basisperiode und beziehen sich damit zugleich auf eine andere Wägung der Meßzahlen. Der Wechsel der Bezugsbasis beim Preisindex nach Laspeyres bspw. bedeutet zugleich einen Wechsel des Warenkorbes. Mit Hilfe der Verknüpfung und Verkettung von Indexreihen lassen sich in derartigen Situationen neue Zeitreihen mit einheitlicher Basis definieren.

Als *Verkettung* bezeichnet man die Kreierung einer neuen Zeitreihe von Indexwerten mit einheitlicher Basis

$$(7.19) \quad I'_{01};\ I'_{02};\ I'_{03};\ \ldots;\ I'_{0t};\ \ldots$$

aus einer Reihe mit periodisch wechselnder Basis:

$$(7.20) \quad I_{01};\ I_{12};\ I_{23};\ \ldots;\ I_{t-1,t};\ \ldots$$

gemäß der Rechenvorschrift:

$$(7.21) \quad I'_{0t} := I_{01} \cdot I_{12} \cdot \ldots \cdot I_{t-1,t} \qquad (t = 1,2,3,\ldots)$$

Liegen zwei sich zeitlich überlappende Indexreihen mit unterschiedlichen Basisjahren und eventuell auch leicht geänderten Modalitäten – bspw. zusätzliche Berücksichtigung eines neuen Gutes im Preisindex – vor:

$$(7.22) \quad I_{01};\ I_{02};\ \ldots;\ I_{0\tau}$$
$$\ldots;\ \bar{I}_{T\tau};\ \bar{I}_{T,\tau+1};\ \ldots;\ \bar{I}_{Tt};\ \ldots\ ,$$

so lassen sich diese zu einer einzigen langen Zeitreihe *verknüpfen*, wenn die alte Reihe in die neue über die Reihenglieder:

$$(7.23) \quad \bar{I}^*_{Tt} := I_{0t} \cdot \frac{\bar{I}_{T\tau}}{I_{0\tau}} \qquad (t = 0,1,2,\ldots,\tau)$$

integriert wird, bzw. die neue Reihe unter Verwendung einer analogen Beziehung in die alte eingegliedert wird.

$$(7.24) \quad I^*_{0,\tau+t} := \bar{I}_{T,\tau+t} \cdot \frac{I_{0\tau}}{\bar{I}_{T\tau}} \qquad (t = 0,1,2,\ldots)$$

Die Möglichkeiten der Verknüpfung und Verkettung von Indexreihen dürfen jedoch nicht darüber hinwegtäuschen, daß es sich hier lediglich um Näherungslösungen für die unbekannte wahre Indexzahl I_{Tt} bzw. $I_{0,\tau+t}$ handelt. Dieser Aspekt wiegt allerdings weniger schwer, wenn man bedenkt, daß sich zu jeder Situation eine Vielzahl quantitativ unterschiedlich lautender Indexwerte berechnen läßt.

Beispiel 7.7: Verkettung und Verknüpfung von Indexreihen

Ein Elektrounternehmen hat sich auf den Verkauf von Kühlschränken, Herden und Waschmaschinen spezialisiert. In den Jahren 1979 bis 1982 machte es folgende Umsätze:

Artikel	Menge	Preis	Menge	Preis
	1979		1980	
Kühlschrank	88	180 DM	96	200 DM
Herd	67	290 DM	58	300 DM
Waschmaschine	78	750 DM	82	800 DM
	1981		1982	
Kühlschrank	83	230 DM	70	240 DM
Herd	42	300 DM	33	350 DM
Waschmaschine	64	900 DM	52	950 DM

Die Preisindexreihe nach Laspeyres mit periodisch wechselnder Basis lautet:

$$P^L_{79,80} = 1{,}068; \quad P^L_{80,81} = 1{,}108; \quad P^L_{81,82} = 1{,}069$$

Daraus ergibt sich nach Verkettung die neue Reihe:

$$P^{L'}_{79,80} = 1{,}068; \quad P^{L'}_{79,81} = 1{,}183; \quad P^{L'}_{79,82} = 1{,}264$$

Die wahre Reihe lautet fast identisch:

$$P^L_{79,80} = 1{,}068; \quad P^L_{79,81} = 1{,}179; \quad P^L_{79,82} = 1{,}266$$

Selbst wenn $P^L_{79,82}$ über eine Verknüpfung der beiden Reihen:

$$P^L_{79,80} = 1{,}068; \quad P^L_{79,81} = 1{,}179$$

$$P^L_{80,81} = 1{,}108; \quad P^L_{80,82} = 1{,}186$$

geschätzt wird, ergibt sich kaum eine Abweichung vom tatsächlichen Wert:

$$P^{L*}_{79,82} = P^L_{80,82} \frac{P^L_{79,81}}{P^L_{80,81}} = 1{,}186 \cdot \frac{1{,}179}{1{,}108} = 1{,}262$$

3 Zusammenfassung, Aufgaben, Literaturhinweise

Zusammenfassung

● *Definition 7.1:* Eine **Verhältniszahl V** ist das Zahlenverhältnis zweier statistischer Größen x und y:

$$V := \frac{x}{y}$$

● *Definition 7.2:* Eine **Gliederungszahl** ist eine Verhältniszahl, bei der die Zählergröße x in der Nennergröße y sachlich, zeitlich oder räumlich enthalten ist.

Eine **Beziehungszahl** ist das Verhältnis zweier sachfremder Größen x und y mit gleichem Orts- und Zeitbezug, die einander nicht enthalten.

Eine **Meßzahl** ist das Verhältnis zweier sachlich gleichartiger Größen x und y mit unterschiedlichem Orts- oder Zeitbezug, die einander nicht enthalten.

● *Definition 7.3:* Eine **Meßzahlenreihe** ist eine Folge von Meßzahlen.

Satz 7.1: (Umbasierungssatz)

Für drei Meßzahlen $V_{\tau k}$, V_{0k}, $V_{0\tau}$ gilt:

$$V_{\tau k} = \frac{V_{0k}}{V_{0\tau}}$$

● *Definition 7.4:* Eine **Indexzahl** ist ein gewogener Mittelwert einer Menge sachlich zusammengehöriger Meßzahlen.

Ein **Preisindex** ist eine Indexzahl, die die Preisentwicklung eines Aggregates von Gütern und Dienstleistungen mißt.

Ein **Mengenindex** ist eine Indexzahl, die die Mengenentwicklung eines Aggregates von Gütern und Dienstleistungen mißt.

● *Definition 7.5:* Der **Preisindex nach Laspeyres** ist das gewogene Mittel eines mit den Ausgabenanteilen in der Basisperiode gewichteten Aggregates von Preismeßzahlen:

$$P^L_{0\tau} := \frac{\sum_{i=1}^{n} p_\tau(i)\, q_0(i)}{\sum_{i=1}^{n} p_0(i)\, q_0(i)}$$

Der **Preisindex nach Paasche** ist das gewogene Mittel eines mit den Ausgabenanteilen in der Beobachtungsperiode gewichteten Aggregates von Preismeßzahlen:

$$P^P_{0\tau} := \frac{\sum_{i=1}^{n} p_\tau(i)\, q_\tau(i)}{\sum_{i=1}^{n} p_0(i)\, q_\tau(i)}$$

● *Definition 7.6:* Der **Mengenindex nach Laspeyres** ist das gewogene Mittel eines mit den Ausgabenanteilen in der Basisperiode gewichteten Aggregates von Mengenmeßzahlen:

$$Q^L_{0\tau} := \frac{\sum_{i=1}^{n} p_0(i)\, q_\tau(i)}{\sum_{i=1}^{n} p_0(i)\, q_0(i)}$$

Der **Mengenindex nach Paasche** ist das gewogene Mittel eines mit den Ausgabenanteilen in der Beobachtungsperiode gewichteten Aggregates von Mengenmeßzahlen:

$$Q^P_{0\tau} := \frac{\sum_{i=1}^{n} p_\tau(i)\, q_\tau(i)}{\sum_{i=1}^{n} p_\tau(i)\, q_0(i)}$$

● *Definition 7.7:* Eine **Indexreihe** ist eine Folge von Indexzahlen.

● *Definition 7.8:* Als **Verkettung** bezeichnet man das Bilden einer neuen Indexreihe I'_{01} ; I'_{02} ; . . . ; I_{0t}; . . . aus der Reihe I_{01} ; I_{12} ; . . . ; $I_{t-1,t}$; . . . gemäß:

$$I'_{0t} := I_{01} \cdot I_{12} \cdot \ldots \cdot I_{t-1,t} \qquad (t = 1,2,3, \ldots)$$

Als **Verknüpfung** bezeichnet man das Bilden einer langen Indexreihe aus zwei sich zeitlich überlappenden Reihen:

$$I_{01}; I_{02}; \ldots ; I_{0\tau}$$
$$\ldots ; \bar{I}_{T\tau}; \bar{I}_{T,\tau+1}; \ldots ; \bar{I}_{Tt}; \ldots$$

gemäß der Vorschrift (alte in neue Reihe):

$$\bar{I}^{*}_{Tt} := I_{0t} \frac{\bar{I}_{T\tau}}{I_{0\tau}} \qquad (t = 0,1,2, \ldots, \tau)$$

bzw. (neue in alte Reihe):

$$\bar{I}^{*}_{0,\tau+t} := \bar{I}_{T,\tau+t} \cdot \frac{I_{0\tau}}{\bar{I}_{T\tau}} \qquad (t = 0,1,2, \ldots)$$

Aufgaben

7.1) Klassifizieren Sie die nachfolgenden Verhältniszahlen in die Kategorien Gliederungs-, Beziehungs- und Meßzahl.

a) $\dfrac{\text{Export Bundesrepublik Deutschland 1975}}{\text{Export Bundesrepublik Deutschland 1970–80}}$

b) $\dfrac{\text{Export Bundesrepublik Deutschland 1975}}{\text{Export Bundesrepublik Deutschland 1974}}$

c) $\dfrac{\text{Exportüberschuß Bundesrepublik Deutschland 1975}}{\text{Nettosozialprodukt Bundesrepublik Deutschland 1975}}$

d) $\dfrac{\text{absolute Exportsteigerung der BRD 1975}}{\text{absoluter Nettosozialproduktanstieg der BRD 1975}}$

7.2) Ein Büromöbelhersteller verkauft die drei Artikel Schreibtisch, Drehstuhl und Regal. In den Jahren 1979 und 1980 macht er folgende Umsätze:

Artikel	1979	1980
Schreibtisch	120 000 DM	150 000 DM
Drehstuhl	60 000 DM	60 500 DM
Regal	40 000 DM	59 800 DM

Die Preise waren zuletzt 1 200,– DM für den Schreibtisch, 550,– DM für den Drehstuhl und 230,– DM für das Regal.

a) Für die Jahre 1975 und 1980 liegt folgende Meßzahlenreihe für den Schreibtischpreis vor:

$V_{75,76} = 1{,}1; V_{75,77} = 1{,}3; V_{77,78} = 1{,}1;$

$V_{78,79} = 1{,}2; V_{78,80} = 1{,}44$

Berechnen Sie den Preis des Schreibtisches im Jahr 1975.

b) Im Jahr 1980 ist der Drehstuhlpreis nochmal um 10 Prozent, der Regalpreis um 15 Prozent angehoben worden. Berechnen Sie die Mengen- und Preisindices nach Laspeyres und Paasche. Was sagen diese aus?

7.3) Der Lebenshaltungskostenindex eines 4-Personen-Arbeitnehmerhaushalts mittleren Einkommens, bezogen auf das Jahr 1976, betrug zwischen 1978 und 1981 nacheinander:

1,061; 1,102; 1,16; 1,228. Queile: Statistisches Bundesamt

Schreiben Sie diesen bis 1985 fort unter Ausnutzung der Information, daß der Lebenshaltungskostenindex aller privaten Haushalte, bezogen auf das Jahr 1980, zwischen 1981 und 1985 nacheinander

1,1; 1,3; 1,5; 1,7; 2

sein wird.

Literaturhinweise

Bamberg, G.; Baur, F.: Statistik, München-Wien 1980

Bleymüller, J.; Gehlert, G.; Gülicher, H.: Statistik für Wirtschaftswissenschaftler, München 1979

Harff, P.; Stöckmann, M.: Wirtschaftsstatistik, in: Gieseking Wirtschaftsgrundrisse, Bd. 16, Bielefeld 1977

Henn, R.; Kischka, P.: Statistik: Theorie und Anwendungen in den Wirtschaftswissenschaften, Teil 1; Königstein/Ts. 1979

Menges, G.; Skala, H. J.: Grundriß der Statistik, Teil 2: Daten, Opladen 1973

Schaffranek, M.: Wirtschafts- und Bevölkerungsstatistik, in: Schaeffers Grundriß des Rechts und der Wirtschaft, Bd. 100, Hrsg.: Schachtschabel, H. G., Stuttgart-Berlin-Köln-Mainz 1980

Kapitel 8
ZEITREIHENANALYSE

Ökonomische Größen (Preise, Mengen) sind stets zeitbezogen. In der Eigenschaft, Determinanten unternehmerischer Entscheidungen zu sein, kommt ihrer Kenntnis eine nicht zu unterschätzende Bedeutung zu. Eben weil wirtschaftliche Entscheidungen in die Zukunft zielen, interessieren insebesondere die künftigen Ausprägungen ökonomischer Variablen. Diese sind aus der Fortschreibung von Interrelationen zeitpunktverschiedener Ausprägungen der Vergangenheit zu gewinnen. Ein analytisch aufwendiges statistisches Instrumentarium, das die Methoden vorangegangener Kapitel in einen sinnvollen Systemzusammenhang bringt, ermöglicht die Aufdeckung entsprechender Datenstrukturen und sichert die Prognose zeitbezogener ökonomischer Größen.

Ist die Grundgesamtheit einer Erhebung ein Zeitraum und sind deren Merkmalsträger Zeitpunkte oder Zeiträume, so bezeichnet man die Beobachtungswerte zum häufig mindestens intervallskaliert vorliegenden Merkmal X (bspw. Bruttosozialprodukt, privater Verbrauch, Umsatz, Personalbestand) als Zeitreihe:

$$x_0\,,\ x_1\,,\ x_2\,,\ \ldots\,,\ x_n$$

Die Zeitreihenanalyse dient – wie bereits erwähnt – fast ausschließlich Prognosezwecken. Im Hinblick auf diese Zielsetzung arbeiten einige Verfahren mit einer direkten Zeitreihenprognose (bspw. exponentielle Glättung), andere mit einer Zerlegung der Beobachtungsreihe in ihre wichtigsten Wirkungskomponenten und der daraus resultierenden Prognose (additives und multiplikatives Zeitreihenmodell), dritte schließlich mit einer systematischen Suche nach den inneren Gesetzmäßigkeiten des vorliegenden Beobachtungsbefundes (bspw. Spektralanalyse, ARIMA-Modell). Die Zeitreihenverfahren gehören zur Gruppe der *univariaten* oder *autoprojektiven* Prognoseverfahren. Die Prognosewerte werden über den Zeitindex oder über die Zeitreihenwerte selbst erklärt. Von *multivariaten* oder *ökonometrischen* Prognoseverfahren spricht man, wenn zusätzlich andere, theoretisch abgesicherte Erklärungsgrößen eingesetzt werden (Regressionsansatz, vgl. S. 163 ff.).

Im Unterschied zu normalen statistischen Erhebungen verdienen bei der Zeitreihenanalyse insbesondere zwei Punkte besondere Beachtung:

- Die vorhandenen Zeitreihenverfahren bauen auf die *Äquidistanz* – d. h. auf den gleichbleibenden zeitlichen Abstand – der Beobachtungswerte. Diese Forderung ist in der Regel erfüllt, weil zeitliche Entwicklungen turnusmäßig aufgezeichnet werden. Im übrigen kann die erforderliche Äquidistanz leicht auch durch entsprechende Interpolationen zwischen den Zeitreihenwerten erzielt werden.

- Schwerer wiegt ein zweiter Gesichtspunkt. Mit dem ständigen Fortschreiten der Zeit können immer wieder aktuellere Beobachtungswerte gewonnen werden, die in eine Prognose Eingang finden. Ungeachtet dieses ständigen Wechsels in der Grundgesamtheit muß jedoch die zeitliche Konsistenz der Prognoseergebnisse gewährleistet sein. Nur so kann das Vertrauen in die Zeitreihenprognose langfristig aufrechterhalten werden.

1 Das Verfahren der exponentiellen Glättung

Wegen seiner mathematischen Einfachheit hat die gegen Ende der 50er Jahre von R. G. Brown[1]) entwickelte Methode der *exponentiellen Glättung* eine weite Verbreitung in der Praxis gefunden. Geht man von der Idee aus, daß der Prognosewert $\hat{x}_{t+1}$ für die nächste Periode dem der Vorperiode bei angemessener Berücksichtigung des letzten Prognosefehlers $(x_t - \hat{x}_t)$ entsprechen soll, dann läßt sich diese Absicht wie folgt operationalisieren:

(8.1) $$\hat{x}_{t+1} = \hat{x}_t + \alpha (x_t - \hat{x}_t)$$

---

[1]) Brown, R. G.: Smoothing, Forecasting and Prediction of Discret Time Series, Englewood Cliffs, New Jersey 1963

Will man das Auftreten erratischer Schwankungen und gleichzeitig eine dem Trend der Vorperiode entgegenlaufende Prognose vermeiden, so ist $0 \leqslant \alpha \leqslant 1$ zu wählen. Formt man obige Gleichung zu:

Ermittlung exponentiell geglätteter Prognosen:	
(8.2) $\hat{x}_{t+1} = \alpha x_t + (1-\alpha)\hat{x}_t$	$0 \leqslant \alpha \leqslant 1$

um und erklärt sukzessiv die Prognose der Vorperiode über dasselbe Konzept:

$$
\begin{aligned}
(8.3) \qquad \hat{x}_t &= \alpha x_{t-1} + (1-\alpha)\hat{x}_{t-1} \\
\hat{x}_{t-1} &= \alpha x_{t-2} + (1-\alpha)\hat{x}_{t-2} \\
&\vdots \\
\hat{x}_1 &= \alpha x_0 + (1-\alpha)\hat{x}_0
\end{aligned}
$$

dann lassen sich die jeweiligen Prognosewerte aus den Gleichungen ersetzen:

$$
\begin{aligned}
(8.4) \qquad \hat{x}_{t+1} &= \alpha x_t + (1-\alpha)\ (\alpha x_{t-1} + (1-\alpha)(\alpha x_{t-2} + (1-\alpha)\ (\ldots \\
&\quad \ldots (\alpha x_0 + (1-\alpha)\hat{x}_0) \ldots))) \\
&= \alpha x_t + \alpha(1-\alpha)x_{t-1} + \alpha(1-\alpha)^2 x_{t-2} + \ldots \\
&\quad \ldots + \alpha(1-\alpha)^t x_0 + (1-\alpha)^{t+1}\hat{x}_0 \\
&= \alpha \sum_{\tau=0}^{t} (1-\alpha)^\tau x_{t-\tau} + (1-\alpha)^{t+1}\hat{x}_0
\end{aligned}
$$

Initialisiert man die Reihe mit $\hat{x}_0 = x_0$, dann läßt sich der Prognosewert $\hat{x}_{t+1}$ als ein gewichtetes arithmetisches Mittel aller Vorperioden interpretieren, denn es gilt:

$$(8.5) \qquad \alpha \sum_{\tau=0}^{t} (1-\alpha)^\tau + (1-\alpha)^{t+1} \text{ [1])}$$

---

[1]) Summenformel für die geometrische Reihe:

$$\sum_{\tau=0}^{t} q^\tau = \frac{q^{t+1}-1}{q-1}$$

Vgl. Grauert, H.; Lieb, I.: Differential- und Integralrechnung I, Berlin-Heidelberg-New York 1973, S. 51

$$= \alpha \cdot \frac{(1-\alpha)^{t+1} - 1}{(1-\alpha) - 1} + (1-\alpha)^{t+1} = 1$$

Die Gewichte der einzelnen Zeitreihenwerte $x_{t-\tau}$ nehmen rückwärtig in die Zeit verfolgt exponentiell ab.

Die Prognosevorschrift (8.1) weist noch einen Freiheitsgrad, die Wahl des *Glättungsparameters* α, auf. Ein großes α führt zu einer starken Gewichtung aktueller Zeitreihenwerte, einer hohen Reagibilität der Prognose sowie einer geringen Glättung der Zeitreihe. Kleine α bewirken das Gegenteil. Praktisch läßt sich α so wählen, daß für die Vergangenheit die Summe der quadrierten Prognoseabweichungen[1]) minimal ist:

(8.6) $$\sum_{\tau=1}^{t} (x_\tau - \hat{x}_\tau)^2 \longrightarrow \min!$$

Beispiel 8.1: Exponentielle Glättung

Das Bauvolumen im Wohnungsbau betrug 1960–1981 in Mrd. DM (Spalte 1 und 3):

Jahr	t	Bauvolumen x_t	Prognose 1 $\hat{x}_t$	Prognose 2 $\hat{x}_t$
1966	0	41,72	41,72	41,72
1967	1	40,35	41,72	41,72
1968	2	42,12	41,45	40,62
1969	3	43,51	41,58	41,82
1970	4	50,73	41,97	43,17
1971	5	62,24	43,72	49,22
1972	6	75,19	47,42	59,64
1973	7	82,03	52,97	72,08
1974	8	76,86	58,78	80,04
1975	9	72,57	62,40	77,50
1976	10	79,93	64,43	73,56
1977	11	86,50	67,53	78,66
1978	12	84,21	71,32	84,93
1979	13	108,48	73,90	84,35
1980	14	121,11	80,82	103,65
1981	15	121,29	88,88	117,62
1982	16	–	95,36	120,56

---

[1]) Vgl. Regressionsansatz: Minimierung der Abweichungsquadratsumme, S. 164 ff.

Prognose 1 arbeitet mit $\alpha = 0{,}2$, Prognose 2 mit $\alpha = 0{,}8$. Startwert ist: $\hat{x}_0 = 41{,}72$. Gemäß der Rekursionsformel (8.2) werden sukzessive die Prognosen $\hat{x}_1, \hat{x}_2, \ldots, \hat{x}_{16}$ errechnet.

Abbildung 57: Prognose des Bauvolumens 1966–1982

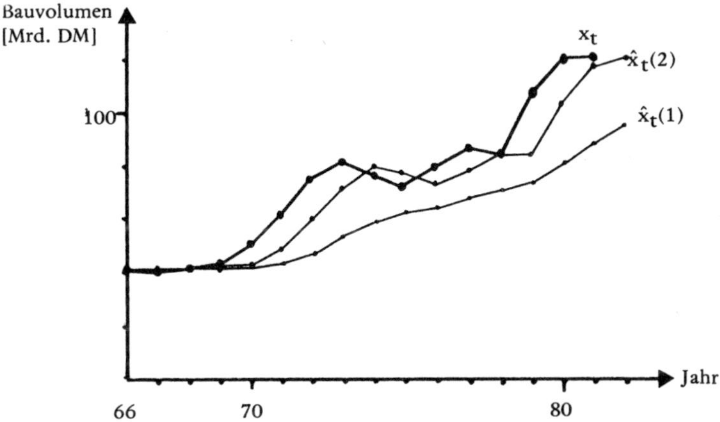

Die Bauzeitreihe folgt einem langfristig aufwärts gerichteten Trend, deshalb wird durch ein relativ großes α eine gute Anpassung erreicht. Bei stationären, stark schwankenden Zeitreihen ist eher ein kleines α angezeigt. Auffallend ist ein Nachhinken der Prognosereihen hinter der aktuellen Entwicklung; das erklärt sich aus der Mittelwertbildung für die Vergangenheit.

2 Zeitreihenzerlegung

Beim *additiven Zeitreihenmodell* wird von der Vorstellung ausgegangen, daß sich der Zeitreihenwert x_t zusammensetzt aus

– einer *Trendkomponente L*, deren Verlauf durch langfristig wirkende Prozesse (bspw. zunehmender Computereinsatz, technischer Fortschritt, Verknappung der Rohstoffreserven) bestimmt ist,

- einer *Konjunkturkomponente K*, deren Verlauf durch die Konjunkturphasen bedingt zyklisch ist,
- einer *Saisonkomponente S*, die die jahreszeitlichen oder periodisch wiederkehrenden Zeitreihenschwankungen auffängt, sowie
- einer *Residualkomponente U*, in der die unerklärten Restgrößen, Meßfehler und Zufallsschwankungen zusammengefaßt sind.

Diese können sowohl additiv als auch multiplikativ verknüpft sein:

(8.7) $x_t = l_t + k_t + s_t + u_t$ (additives Zeitreihenmodell)

$x_t = l_t \cdot k_t \cdot s_t \cdot u_t$ (multiplikatives Zeitreihenmodell)

Die Logarithmierung des multiplikativen Modells führt wieder auf einen additiven Zeitreihenansatz. Wir beschränken uns deshalb auf additive Zeitreihenmodelle. In diesen können Konjunktur- und Trendkomponente zur *glatten Komponente G* zusammengefaßt werden:

(8.8) $x_t = g_t + s_t + u_t$

2.1 Schätzung der Trendkomponente

Die Schätzung der Trendkomponente erfolgt im Normalfall über den gesamten, möglichst langen Beobachtungszeitraum t = 0,1, . . ., n unter Verwendung eines Regressionsansatzes (vgl. S. 163 ff.) mit der Zeit T als erklärende und dem Trend L als zu erklärende Variable. Je nachdem wie sich der Trend beim Betrachten der gesamten Zeitreihe darstellt, empfiehlt sich bspw.[1])

- ein linearer Regressionsansatz (gleichförmiger Trend):

(8.9) $l_t = b_0 + b_1 \cdot t$

- ein linear-logarithmischer Regressionsansatz (sich abschwächender Trend):

---

[1]) Weitere wichtige Trendfunktionstypen finden sich bei Leiner, B.: Einführung in die Zeitreihenanalyse, München–Wien 1982, S. 8 ff.

(8.10) $l_t = b_0 + b_1 \cdot \ln(t)$

– ein linear-quadratischer Regressionsansatz (sich verstärkender Trend):

(8.11) $l_t = b_0 + b_1 \cdot t^2$

Ohne Beschränkung der Allgemeingültigkeit kann sich die nachfolgende Argumentation auf die lineare Trendfunktion konzentrieren, denn nach Logarithmierung bzw. Quadrierung der Variablen T können auch die Regressionsmodelle (8.10) und (8.11) als lineare Regression aufgefaßt werden.

Der Trend wird in der Zeitreihe $\{x_t\}$ von Konjunktur-, Saison- und Restschwankungen überlagert. Fassen wir diese zu e_t zusammen, so lautet die Zeitreihe:

(8.12) $x_t = b_0 + b_1 \cdot t + e_t$

Diese Formulierung entspricht dem Regressionsansatz (6.30) und führt auf die Lösungen:

(8.13) $b_0 = \overline{x} - b_1 \cdot \overline{t}$

$$b_1 = \frac{s_{TX}}{s_T^2}$$

bzw. bei den nichtlinearen Trendfunktionen:

	linear-logarithmisch	linear-quadratisch
(8.14)	$b_0 = \overline{x} - b_1 \cdot \overline{\ln(t)}$	$b_0 = \overline{x} - b_1 \cdot \overline{t^2}$
	$b_1 = \dfrac{s_{\ln(T)X}}{s_{\ln(T)}^2}$	$b_1 = \dfrac{s_{T^2X}}{s_{T^2}^2}$

Den Anteil der Varianz der Zeitreihe, der über die Trendfunktion erklärt wird, beschreibt das Bestimmtheitsmaß r^2 (vgl. S. 172 f.).

Beispiel 8.2: Trendschätzung

Eine Unternehmung mit Serienfertigung analysiert die Höhe ihres halbjährlichen, mengenmäßigen Auftragsbestandes in 1000 Stück (Spalte 2):

t	x_t	t^2	$x_t-\bar{x}$	$t^2-\overline{t^2}$	$(x_t-\bar{x})^2$	$(t^2-\overline{t^2})^2$	$(x_t-\bar{x})$ $(t^2-\overline{t^2})$	l_t
0	18	0	−7,65	−123,5	58,5	15 252	944,8	19,56
1	24	1	−1,65	−122,5	2,7	15 006	202,1	19,61
2	22	4	−3,65	−119,5	13,3	14 280	436,2	19,76
3	25	9	−0,65	−114,5	0,4	13 110	74,4	20,00
4	23	16	−2,65	−107,5	7,0	11 556	284,9	20,35
5	25	25	−0,65	−98,5	0,4	9 702	64,0	20,79
6	19	36	−6,65	−87,5	44,2	7 656	581,9	21,33
7	20	49	−5,65	−74,5	31,9	5 550	420,9	21,98
8	15	64	−10,65	−59,5	113,4	3 540	633,7	22,72
9	19	81	−6,65	−42,5	44,2	1 806	282,6	23,55
10	17	100	−8,65	−23,5	74,8	552	203,3	24,49
11	24	121	−1,65	−2,5	2,7	6	4,1	25,53
12	24	144	−1,65	20,5	2,7	420	−33,8	26,66
13	32	169	6,35	45,5	40,3	2 070	288,9	27,89
14	30	196	4,35	72,5	18,9	5 256	315,4	29,22
15	36	225	10,35	101,5	107,1	10 302	1 050,5	30,65
16	34	256	8,35	132,5	69,7	17 556	1 106,4	32,18
17	37	289	11,35	165,5	128,8	27 390	1 878,4	33,81
18	32	324	6,35	200,5	40,3	40 200	1 273,2	35,53
19	37	361	11,35	237,5	128,8	56 406	2 695,6	37,36
Σ	513	470	–	–	930,1	257 616	12 707,5	–
$\frac{1}{n}\Sigma$	25,65	123,5	–	–	46,5	12 881	635,4	–
	$\bar{x}$	$\overline{t^2}$			s_X^2	$s_{T^2}^2$	s_{TX^2}	

Abbildung 58: Trendschätzung

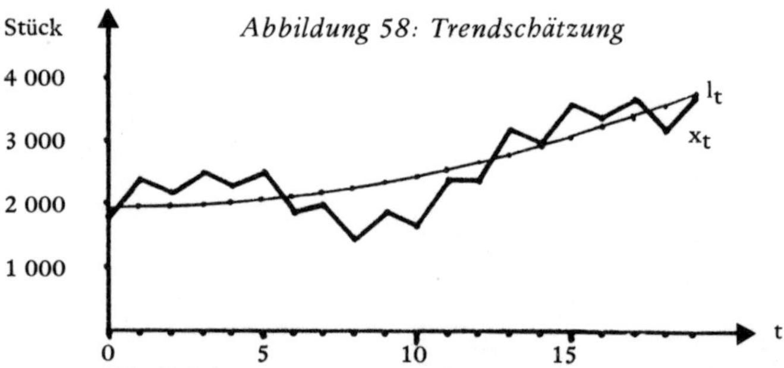

Die Zeichnung suggeriert einen sich verstärkenden positiven Trend (denkbar auch ein linear ansteigender Trend). Deshalb setzen wir mit einer linear-quadratischen Trendfunktion an. Dazu sind zunächst die t-Werte zu quadrieren (Spalte 3), anschließend wird genauso verfahren wie bei einer linearen Regression (vgl. Kap. 6.3). Die Lösungen berechnen sich wie folgt:

$$r^2 = \frac{s_{T^2X}^2}{s_{T^2}^2 s_X^2} = \frac{635{,}4^2}{12\,881 \cdot 46{,}5} = 0{,}674$$

$$b_1 = \frac{s_{T^2X}}{s_{T^2}^2} = \frac{635{,}4}{12\,881} = 0{,}0493$$

$$b_0 = \overline{x} - b_1 \cdot \overline{t^2} = 25{,}65 - 0{,}0493 \cdot 123{,}5 = 19{,}56$$

Die Trendfunktion $l_t = 19{,}56 + 0{,}0493 \cdot t$ erklärt 67,4 % der Varianz der Zeitreihe $\{x_t\}$. Die Trendwerte l_t stehen in der letzten Spalte.

Mit der Anwendung des Regressionsmodells wurden den *Schwankungskomponenten K, S* und *U* in ihrer Funktion als Regressionsresiduum e_t implizit einige wichtige Eigenschaften unterlegt, die über die Trendbereinigungen hinaus Gültigkeit besitzen (vgl. S. 163 ff.):

1. $\sum_{t=0}^{n} e_t^2$ ist minimal, d. h. die Zeitreihe ist soweit wie möglich über Trendentwicklungen erklärt. Damit schwankt die Residualreihe $\{e_t\}$ um einen Nulltrend. Unter Umständen können sogar Teile der Schwankungskomponenten – insbesondere an den Zeitreihenenden – irrtümlich der Trendkomponente zugeschlagen worden sein.

2. $\sum_{t=0}^{n} e_t = 0$. In ihrem Auf und Ab um den Nulltrend gleichen sich die Schwankungskomponenten aus.

2.2 Schätzung der Konjunkturkomponente

Die Idee zur Berechnung der zyklischen Komponente K ist es, Saisoneinflüsse und Restschwankungen aus der Zeitreihe $\{x_t\}$ zu eliminieren und die glatte Komponente G zu bestimmen. Zieht man von dieser dann die Trendfunktion ab, so verbleibt die Konjunkturkomponente.

Dazu müssen zunächst jedoch drei Annahmen eingeführt werden:

A1: Die glatte Komponente G kann für die Länge[1]) 2m+1, $m \in \mathbb{N}$ einer Saison über eine lineare Funktion angenähert werden:

$$(8.15) \quad g_\tau \approx a + b \cdot \tau \qquad t - m \leqslant \tau \leqslant t + m$$

A2: Die Residualkomponente U schwankt so regellos um Null, daß für jede beliebige größere Zusammenfassung von Residualwerten der Beobachtungsreihe gilt:

$$(8.16) \quad \Sigma\, u_\tau \approx 0$$

Die dritte Annahme ergibt sich quasi schon aus der Definition einer Saisonkomponente:

A3: Die Saisonkomponenten s_t gleichen sich über die Länge der Saison aus:

$$(8.17) \quad \sum_{\tau=t-m}^{t+m} s_\tau = 0$$

Bildet man jetzt von einem beliebigen t ausgehend für m vor- und rückwärtige Zeitreihenwerte, den (gleitenden) Durchschnitt $\overline{x}_t$, so gilt:

$$(8.18) \quad \overline{x}_t := \frac{1}{2m+1} \sum_{\tau=t-m}^{t+m} x_\tau$$

$$= \frac{1}{2m+1} \sum_{\tau=t-m}^{t+m} (g_\tau + s_\tau + u_\tau)$$

$$= \frac{1}{2m+1} \sum_{\tau=t-m}^{t+m} g_\tau + \frac{1}{2m+1} \sum_{\tau=t-m}^{t+m} s_\tau + \frac{1}{2m+1} \sum_{\tau=t-m}^{t+m} u_\tau$$

$$\approx \frac{1}{2m+1} \sum_{\tau=t-m}^{t+m} g_\tau .$$

---

[1]) Die Wahl einer Saisonlänge von 2m+1 geschieht aus didaktischen Gründen. Für eine Saison von 31 Tagen ist bspw. m=15 – entspricht also ungefähr einer Halbsaison. Zunächst muß die Saisonlänge als ungerade vorausgesetzt werden.

Saison- und Residualkomponente fallen den Annahmen A2 und A3 folgend heraus. Die Ersetzung von g_τ durch (8.18) impliziert:

$$(8.19) \quad \bar{x}_t \approx \frac{1}{2m+1} \sum_{\tau=t-m}^{t+m} (a+b \cdot \tau)$$

$$= \frac{1}{2m+1} \sum_{\tau=t-m}^{t+m} a + \frac{b}{2m+1} \sum_{\tau=t-m}^{t+m} \tau \;\; ^{1)}$$

$$= a + \frac{b}{2m+1} \cdot (2m+1) \cdot t$$

$$= a + b \cdot t$$

Gleichzeitig gilt vermöge A1:

$$(8.20) \quad g_t \approx a + b \cdot t,$$

so daß (8.21)

> Ermittlung des gleitenden Durchschnitts für eine ungerade Saisonlänge:
>
> $$(8.21) \quad \bar{x}_t = \frac{1}{2m+1} \sum_{\tau=t-m}^{t+m} x_\tau \qquad t=m, m+1, \ldots, n-m$$

eine gute Näherung für die glatte Komponente der Zeitreihe ist. Man bezeichnet $\bar{x}_t$ auch als *gleitenden Durchschnitt* der Zeitreihe. Gleitend deshalb, weil er für alle t zwischen m und n-m sukzessiv gebildet wird und sich damit quasi über die Zeitreihenwerte hinwegbewegt. Die zur Bildung von $\bar{x}_t$ relevante Zeitreihenwertemenge $\{t-m, t-m+1, \ldots, t, \ldots, t+m-1, t+m\}$ wird auch als *Stützbereich* des gleitenden Durchschnitts bezeichnet.

Im Regelfall kann nicht von einer aus einer ungeraden Anzahl von Zeitreihenwerten bestehenden Saisonlänge 2m+1 ausgegangen werden, vielmehr wird häufig eine gerade Saisonlänge von 2m anzutreffen sein. In diesem Fall behilft man sich durch den Aufbau eines Stützbereiches $\{\tau : t-m \leq \tau \leq t+m, \tau \in \mathbb{N}\}$ der Länge 2m+1, in dem bei Bildung des gleitenden Durchschnitts die Randwerte x_{t-m} und x_{t+m} nur halbes Gewicht erhalten:

---

1) $\sum_{\tau=t-m}^{t+m} \tau = \sum_{\tau=t-m}^{t+m} (\tau-t) + \sum_{\tau=t-m}^{t+m} t = \sum_{\tau=-m}^{m} \tau + \sum_{\tau=t-m}^{t+m} t = 0 + (2m+1) \cdot t$

Ermittlung des gleitenden Durchschnitts für eine gerade Saisonlänge:

$$(8.22) \quad \bar{x}_t = \frac{1}{2m} \left(\frac{1}{2} \cdot x_{t-m} + \frac{1}{2} \cdot x_{t+m} + \sum_{\tau=t-m+1}^{t+m-1} x_\tau \right)$$

$$t = m, m+1, \ldots, n-m$$

Ist schließlich für alle Zeitreihenwerte die glatte Komponente bestimmt, so kann durch Subtraktion des Trends L von der glatten Komponente G auch die Konjunkturkomponente K extrahiert werden:

Ermittlung der Konjunkturkomponente:

$$(8.23) \quad k_t = g_t - l_t \approx \bar{x}_t - l_t \qquad t = m, m+1, \ldots, n-m$$

Beispiel 8.3: Schätzung der Konjunkturkomponente

Wir beziehen uns auf das Serienproduktionsbeispiel 8.2. Die Auftragsbestandsmengen [1 000 Stück] befinden sich in Spalte 2.

t	x_t	$\bar{x}_t \approx g_t$	l_t	$k_t = g_t - l_t$
0	18	–	19,56	–
1	24	22,00	19,61	2,39
2	22	23,25	19,76	3,49
3	25	23,75	20,00	3,75
4	23	24,00	20,35	3,65
5	25	23,00	20,79	2,21
6	19	20,75	21,33	−0,58
7	20	18,50	21,98	−3,48
8	15	17,25	22,72	−5,47
9	19	17,50	23,55	−6,05
10	17	19,25	24,49	−5,24
11	24	22,25	25,53	−3,28
12	24	26,00	26,66	−0,66
13	32	29,50	27,89	1,61
14	30	32,00	29,22	2,78
15	36	34,00	30,65	3,35
16	34	35,25	32,18	3,07
17	37	35,00	33,81	1,19
18	32	34,50	35,53	−1,03
19	37	–	37,36	–

Die Saisonlänge beträgt, da es sich um Halbjahresdaten handelt, 2m=2. Der Stützbereich ist damit: $\{t-1,t,t+1\}$. Wir berechnen zunächst die glatte Komponente über die Bildung des gleitenden Durchschnitts nach (8.22):

$$\bar{x}_1 = \frac{1}{2}\left(\frac{1}{2} \cdot 18 + \frac{1}{2} \cdot 22 + 24\right) = 22$$

$$\bar{x}_2 = \frac{1}{2}\left(\frac{1}{2} \cdot 24 + \frac{1}{2} \cdot 25 + 22\right) = 23{,}25$$

usw.

Das Ergebnis steht in Spalte 3.

Subtrahiert man nun die Trendkomponente $l_t = 19{,}56 + 0{,}0493 \cdot t^2$ (vgl. Spalte 9, Beispiel 8.2), so erhalten wir die zyklische Komponente k_t.

Abbildung 59: Zyklische und glatte Komponente

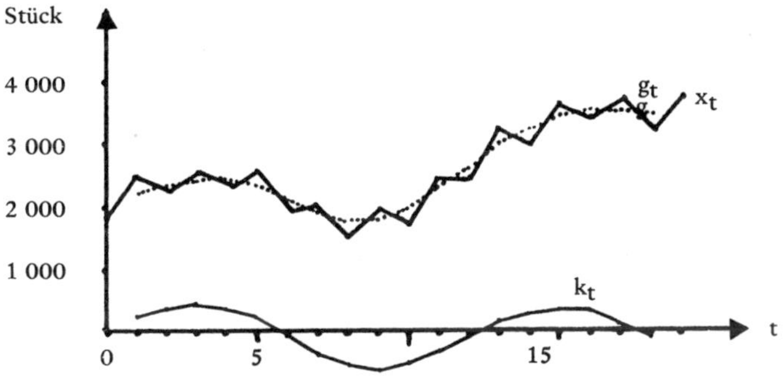

2.3 Schätzung der Saisonkomponente

Bereinigen wir die Zeitreihe $\{x_t\}$ um die glatte Komponente, so verbleiben Saison- und Residualkomponente:

(8.24) $\quad x_t - g_t = s_t + u_t \qquad t=0,1,\ldots,n$

Diese werden im folgenden jeweils für gleiche Saisonabschnitte gemittelt. Dazu werden die Zeitreihenwerte so mit Doppelindices versehen, daß jeweils im gleichen Saisonabschnitt liegende Beobachtungen einen gleichartigen 2. Index aufweisen. Der erste Index bezeichnet die Nummer der Saison. Bei Jahresdaten etwa weisen alle gleichartigen Monate denselben Saisonabschnittsindex (2. Index) und unterschiedliche Jahresindices (1. Index) auf. x_{ij} bezeichnet also den j-ten Saisonabschnitt in der i-ten Saison.

Die *Saisonveränderungszahl* ($\overline{s}_{.j}$) bestimmt sich als arithmetisches Mittel der um die glatte Komponente bereinigten Zeitreihe für alle gleichartigen Saisonabschnitte:

$$(8.25) \qquad \overline{s}_{.j} := \frac{1}{v_j} \sum_{i=1}^{v_j} (x_{ij} - g_{ij})$$

$$\left(= \frac{1}{v_j} \sum_{i=1}^{v_j} s_{ij} + \frac{1}{v_j} \sum_{i=1}^{v_j} u_{ij}\right)$$

$$j = 1,2, \ldots 2m\ (+1)$$

Die Zahl v_j markiert die Anzahl der gleichartigen Saisonabschnitte. Da nach Annahme A2 die Summe der u_{ij} fast Null ist, entspricht $\overline{s}_{.j}$ im Mittel ungefähr der saisonalen Komponente.

Nach Annahme A2 und A3 müßte deren Summe bereits nahe bei Null liegen. Sicherheitshalber wird jedoch auf Null normiert:

$$(8.26) \qquad s_{ij} \approx \overline{s}_{.j} - \frac{1}{2m(+1)} \sum_{j=1}^{2m(+1)} \overline{s}_{.j}$$

Die endgültige Saisonveränderungszahl s_{ij} ist damit für alle gleichartigen Saisonabschnitte identisch. Dieses Verfahren der Saisonbereinigung, das sog. *Phasendurchschnittsverfahren bei konstanter Saisonfigur*, empfiehlt sich nur, wenn für alle Saisonen in den gleichartigen Abschnitten in etwa von einer einheitlichen Saisonkomponente ausgegangen werden kann.

$$(8.27) \qquad s_{i'j} \approx s_{ij} \qquad (i,i' = 1,2, \ldots, v_j;\ j = 1,2, \ldots, 2m(+1)).$$

Beispiel 8.4: Phasendurchschnittsverfahren bei konstanter Saisonfigur

Wir übernehmen die Daten des Beispiels 8.3 und bereinigen die Zeitreihe um die glatte Komponente (Spalte 1 und 5). Die Saisonlänge beträgt 2m=2, da Halbjahresdaten vorliegen:

i,j	x_{ij}	g_{ij}	$x_{i1}-g_{i1}$	$x_{i2}-g_{i2}$	s_{ij}
1,1	18	–	–		–
1,2	24	22,00		2,00	1,708
2,1	22	23,25	1,25		−1,708
2,2	25	23,75		1,25	1,708
3,1	23	24,00	−1,00		−1,708
3,2	25	23,00		1,00	1,708
4,1	19	20,75	−1,75		−1,708
4,2	20	18,50		1,50	1,708
5,1	15	17,25	−2,25		−1,708
5,2	19	17,50		1,50	1,708
6,1	17	19,25	−2,25		−1,708
6,2	24	22,25		1,75	1,708
7,1	24	26,00	−2,00		−1,708
7,2	32	29,50		2,50	1,708
8,1	30	32,00	−2,00		−1,708
8,2	36	34,00		2,00	1,708
9,1	34	35,25	−1,25		−1,708
9,2	37	35,00		2,00	1,708
10,1	32	34,50	−1,50		−1,708
10,2	37	–		–	–
Σ	–	–	−15,25	15,50	0
$\frac{1}{v_j}\Sigma$	–	–	−1,694	1,722	0

Die Spalte 4 enthält die Werte für die ersten Jahreshälften der um die glatte Komponente bereinigten Zeitreihe, Spalte 5 die der zweiten Jahreshälften. Im Durchschnitt ergibt sich eine Saisonabweichung für die erste Jahreshälfte von $\bar{s}_{.1}$ = −1,694 und $\bar{s}_{.2}$ = 1,722 für die zweite Jahreshälfte. Diese Werte sind auf Null zu normieren. Es gilt:

$$s_{i_1} \approx 1{,}694 - \frac{1}{2} \cdot (-\,1{,}694 + 1{,}722) = -\,1{,}708$$

$$s_{i_2} \approx 1{,}722 - \frac{1}{2} \cdot (-\,1{,}694 + 1{,}722) = 1{,}708$$

Damit sind die s_{ij} bestimmt (vgl. Spalte 6).

Ist hingegen eher der Anschein erweckt, daß die Saisonkomponente zwischen den Perioden proportional zur glatten Komponente schwankt:

$$(8.28)\quad s_{ij} = \lambda_j \cdot g_{ij}, \qquad \lambda_j = \text{Proportionalitätsfaktor},$$

so ist das *Phasendurchschnittsverfahren bei variabler Saisonfigur* anzuwenden. Dazu sind die Annahmen A2 und A3 abzuändern in:

A'2: Die mit g_{ij} gewichtete Residualkomponente schwankt regellos um Null, so daß für eine beliebige Zusammenfassung von Residualwerten gilt:

$$(8.29)\quad \Sigma \frac{u_{ij}}{g_{ij}} = 0$$

A'3: Die *Saisonindexziffern* $(1+\lambda_j)$ gleichen sich über die Saisonlänge aus:

$$(8.30)\quad \frac{1}{2m(+1)} \sum_{j=1}^{2m(+1)} (1 + \lambda_j) = 1$$

Mit dem Wegfall der Annahmen A2 und A3 repräsentiert der gleitende Durchschnitt nur dann die glatte Komponente, wenn für jeden Stützbereich in etwa davon ausgegangen werden kann, daß die zugehörigen g_{ij} konstant sind.

Die Zeitreihe $\{x_{ij}\}$ lautet:

$$(8.31)\quad x_{ij} = g_{ij} + \lambda_j \cdot g_{ij} + u_{ij} \qquad i=1,2, \ldots, v_j \quad j=1,2, \ldots, 2m(+1)$$

Sie wird mittels Division von der glatten Komponente bereinigt:

$$(8.32)\quad \frac{x_{ij}}{g_{ij}} = (1 + \lambda_j) + \frac{u_{ij}}{g_{ij}}$$

Anschließend werden die Saisonindexziffern aus dem Verhältnis von Zeitreihenwert und glatter Komponente für gleichnamige Saisonabschnitte geschätzt:

$$(8.33)\quad \overline{(1 + \lambda_j)} := \frac{1}{v_j} \sum_{i=1}^{v_j} \frac{x_{ij}}{g_{ij}} \left(= (1 + \lambda_j) + \frac{1}{v_j} \sum_{i=1}^{v_j} \frac{u_{ij}}{g_{ij}} \right)$$

$$j = 1,2, \ldots, 2m(+1)$$

Da nach A'2 die Summe der gewichteten u_{ij} ungefähr Null ist, entspricht $\overline{(1+\lambda_j)}$ ungefähr dem Saisonindex. Zur Gewährleistung von A'3 wird abschließend auf 1 normiert:

$$(8.34) \qquad (1 + \lambda_j) \approx \overline{(1 + \lambda_j)} \cdot \frac{2m(+1)}{\sum\limits_{j=1}^{2m(+1)} \overline{(1 + \lambda_j)}} \qquad j=1,2,\ldots,2m(+1)$$

Die Saisonkomponente ist damit gemäß (8.28) ermittelbar.

Beispiel 8.5: Phasendurchschnittsverfahren bei variabler Saisonfigur

Auf die Daten des Beispiels 8.2 wird das Verfahren der Saisonbereinigung – diesmal bei variabler Saisonfigur – noch einmal angewandt.

i,j	x_{ij}	g_{ij}	x_{i1}/g_{i1}	x_{i2}/g_{i2}	s_{ij}
1,1	18	–	–		–
1,2	24	22,00		1,091	1,650
2,1	22	23,25	0,946		–1,744
2,2	25	23,75		1,053	1,781
3,1	23	24,00	0,958		–1,800
3,2	25	23,00		1,087	1,725
4,1	19	20,75	0,916		–1,556
4,2	20	18,50		1,081	1,388
5,1	15	17,25	0,870		–1,294
5,2	19	17,50		1,086	1,313
6,1	17	19,25	0,883		–1,444
6,2	24	22,25		1,079	1,669
7,1	24	26,00	0,923		–1,950
7,2	32	29,50		1,085	2,213
8,1	30	32,00	0,938		–2,400
8,2	36	34,00		1,059	2,550
9,1	34	35,25	0,965		–2,644
9,2	37	35,00		1,057	2,625
10,1	32	34,50	0,928		–2,588
10,2	37	–		–	–
Σ	–		8,327	9,678	–
$\frac{1}{v_j}\Sigma$	–	–	0,925	1,075	–

Zur Berechnung der Saisonindexziffern wird die Zeitreihe durch die glatte Komponente dividiert und das Ergebnis für gleichnamige Saisonabschnitte getrennt in Spalten notiert (Spalte 4 und 5). Der Mittelwert dieser Spalten ist eine vorläufige Schätzung für $(1+\lambda_j)$. Dieser muß nur noch gemäß (8.34) normiert werden:

$$(1+\lambda_1) \approx 0{,}925 \cdot \frac{2}{(0{,}925 + 1{,}075)} = 0{,}925$$

$$(1+\lambda_2) \approx 1{,}075 \cdot \frac{2}{(0{,}925 + 1{,}075)} = 1{,}075$$

Nach Berechnung der endgültigen Saisonindexziffern ergeben sich die Saisonkomponenten aus dem Produkt von glatter Komponente und λ_j : $s_{ij} = \lambda_j \cdot g_{ij}$ (Spalte 6).

Der Übersichtlichkeit halber werden die Arbeitsschritte zur Saisonbereinigung noch einmal zusammengefaßt:

Die Saisonbereinigung von Zeitreihen nach dem Phasendurchschnittsverfahren:

1. Schritt: Die Zeitreihe wird um die glatte Komponente bereinigt:

$x_{ij} - g_{ij}$ (konstante Saisonfigur)

bzw.

x_{ij}/g_{ij} (variable Saisonfigur)

2. Schritt: Mit den Werten der bereinigten Zeitreihe wird jeweils für gleiche Saisonabschnitte über alle Perioden das arithmetische Mittel gebildet:

$\bar{s}_{.j}$ (konstante Saisonfigur)

bzw.

$\overline{(1+\lambda_j)}$ (variable Saisonfigur)

3. Schritt: Die Summe der Saisonveränderungszahlen $\bar{s}_{.j}$ wird auf Null (konstante Saisonfigur) bzw. das arithmetische Mittel der Saisonindexziffernschätzungen $\overline{(1 + \lambda_j)}$ auf Eins normiert.

	s_{ij}	(konstante Saisonfigur)
	bzw.	
	$(1+\lambda_j)$	(variable Saisonfigur)
4. Schritt:	Die Differenzen $x_{ij} - s_{ij}$ (konstante Saisonfigur) bzw. $x_{ij} - \lambda_j g_{ij}$ (variable Saisonfigur) bereinigen die Zeitreihen um Saisoneinflüsse.	

2.4 Prognose mit den Zerlegungskomponenten

Nachdem die Zeitreihe in ihre wichtigsten Komponenten: Trend, Zyklus und Saison zerlegt ist, können diese getrennt prognostiziert werden. Den Zeitreihenprognosewert erhält man dann anschließend durch eine additive Zusammenfassung der prognostizierten Zerlegungskomponenten.

Einfach durchzuführen ist die Trendprognose, da mit der Trendfunktion ein funktionaler Zusammenhang konstruiert ist, in den nur noch zukünftige Zeitindices eingesetzt zu werden brauchen, um eine Trendprognose zu erhalten. Die Ergebnisse werden umso zuverlässiger sein, je kürzer der Prognosezeitraum ist.

Die zyklische Komponente ist bisher nur zahlenmäßig für jeden Zeitpunkt bestimmt. Eine Funktion, die diesen Zyklus gut beschreibt, wurde bisher noch nicht eingepaßt. Zur Prognose ist die entsprechende regressionsmäßige Anpassung einer trigonometrischen Funktion von großer Wichtigkeit. Aus ihr können dann Prognosewerte erzeugt werden.

Die saisonale Komponente wird bei konstanter Saisonfigur einfach im bisherigen Saisonabschnittsrhythmus fortgesetzt, bzw. mit den errechneten Saisonindexziffern der bereits prognostizierten glatten Komponente multiplikativ zugeschlagen (variable Saisonfigur).

3 Ausblick auf weitere Zeitreihenverfahren

3.1 Die Spektralanalyse

Ein wesentlicher Einwand gegen die soeben geschilderte traditionelle Zeitreihenanalyse ist die a priori erfolgende Fixierung der wesentlichen Zeitreihenkomponenten in Form von Trend-, Konjunktur-, Saison- und Residualkomponente. Dieses Vorgehen birgt die Gefahr, wesentliche Zeitreihenkomponenten, die sich der gewählten Dekomposition nur schlecht anpassen, nur verzerrt wiederzugeben und andere unwesentliche, die sich dieser genau einpassen, überzubetonen.

Die *Spektralanalyse* geht einen unvorbelasteten Weg. Sie betrachtet eine gegebene Zeitreihe als ein Konglomerat sich überlagernder Einzelschwingungen und versucht, die wesentlichen unter ihnen für das Zustandekommen der Zeitreihe herauszufiltern.[1]) Voraussetzung für die Verfahrensanwendung ist eine vorgeschaltete Trendelimination. Die *Spektraldichtefunktion*, als wichtigstes Ergebnis der Analyse, berichtet schließlich über den Bedeutungsanteil einzelner Schwingungsfrequenzen für den empirischen Zeitreihenbefund.

3.2 *Das parametrische Zeitreihenmodell*

Autoregressive Modellansätze gehen einen anderen Weg. Sie formulieren einen in die Zukunft gerichteten Wirkungszusammenhang zwischen den Zeitreihenwerten verschiedener Perioden:

(8.35) $$x_t = \varphi_0 + \varphi_1 x_{t-1} + \varphi_2 x_{t-2} + \ldots + \varphi_p x_{t-p} + u_t ,$$

den sog. *autoregressiven Prozeß* der Ordnung p (AR(p)-Prozeß). Bspw. beeinflussen die privaten Verbrauchsausgaben früherer Perioden jene folgender, weil frühzeitig eingegangene langfristige Verpflichtungen (Ratenzahlungen, Versicherungen) auch in späteren Perioden Teile der Verbrauchsausgaben belegen. Unter Verwendung autoregressiver Prozesse kann jetzt versucht werden, das Schwingungsverhalten ökonomischer Zeitreihen zu rekonstruieren. Dazu werden die u_t als echte Zufallsfehler mit Mittelwert 0 und einheitlicher endlicher Varianz aufgefaßt.[2])

---

[1]) Zu den Verfahrensschritten der Spektralanalyse: König, H.; Wolters, J.: Einführung in die Spektralanalyse ökonomischer Zeitreihen, Meisenheim am Glan 1972, Leiner, B.: Spektralanalyse ökonomischer Reihen, 2. Aufl., Wiesbaden 1978

[2]) Korrekterweise sind die Folgen $X_1, X_2, \ldots$ und $U_1, U_2, \ldots$ als schwach stationäre stochastische Prozesse zu definieren. Eine derartige Betrachtungsweise verwirrt jedoch in einem deskriptiv orientierten Lehrbuch. Vgl. Leiner, B.: Einführung in die Zeitreihenanalyse, München 1982

Zu den AR(p)-Prozessen existieren Korrelationskoeffizienten:

$$(8.36) \quad r_k := r(x_t, x_{t+k}) := \frac{\sum_{t=0}^{n-k} (x_t - \bar{x})(x_{t+k} - \bar{x})}{\sum_{t=0}^{n} (x_t - \bar{x})^2}$$

die auch theoretisch – ohne empirischen Befund – als Muster des betreffenden Autoregressionsprozesses im *theoretischen Korrelogramm*, das k auf der Abszisse und r_k entlang der Ordinate als Stabdiagramm enthält, aufgezeichnet werden können.

Abbildung 60: Stichprobenkorrelogramm für einen AR(1)-Prozeß

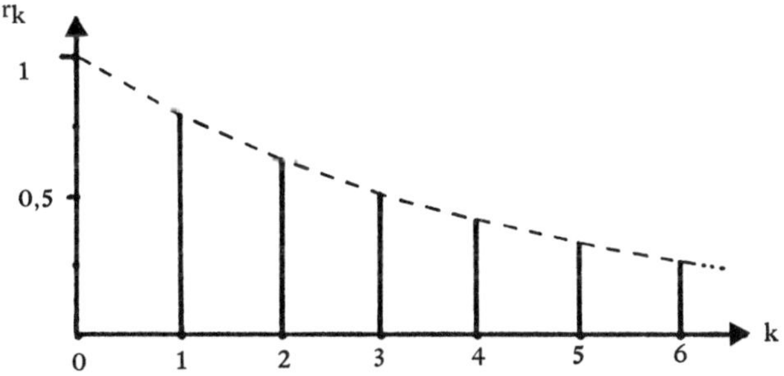

Mit der Berechnung der Korrelationskoeffizienten für den trendbereinigten Zeitreihenbefund erhält man das *empirische* oder auch *Stichprobenkorrelogramm*. Im Vergleich dieses mit den theoretischen Korrelogrammen läßt sich die Ordnung p des autoregressiven Prozesses festlegen. Anschließend können die Parameter $\varphi_0, \varphi_1, \ldots, \varphi_p$ bspw. mittels multipler Regressionsrechnung geschätzt werden.[1])

Erweitert man den AR(p)-Prozeß additiv um einen *Moving-Average-Prozeß* (MA(q)-Prozeß), der auch die Residualkomponente einer Lagstruktur:

$$(8.37) \quad u_t - \vartheta_1 u_{t-1} - \vartheta_2 u_{t-2} - \ldots - \vartheta_q u_{t-q}$$

unterwirft, so gelangt man zu den ARMA(p,q)-Prozessen, die eine zusätzliche Vielfalt theoretischer Korrelogramme erzeugen. Man be-

---

[1]) Vgl. Box, G. E. P.; Jenkins, G.: Time series analysis forecasting and control, San Francisco 1970, Leiner, B.: Einführung in die Zeitreihenanalyse, München 1982

zeichnet diese auch als *Box-Jenkins-Modelle*. Zu den weitbekannten *ARIMA* (p,d,q)-Prozessen gelangt man schließlich, wenn die Beobachtungsreihe vorher über die Bildung von Differenzen d-ter Ordnung trendbereinigt wird.

4 Zusammenfassung, Aufgaben, Literaturhinweise

Zusammenfassung

● *Definition 8.1:* Eine **Zeitreihe** ist eine chronologisch geordnete Folge von Merkmalswerten $\{x_t\}$, deren Merkmalsträger Zeitpunkte oder Zeiträume sind.

● *Definition 8.2:* Eine Zeitreihe heißt **äquidistant**, wenn der zeitliche Abstand zwischen den Merkmalsträgern für alle benachbarten Merkmalswerte identisch ist.

● *Definition 8.3:* Unter **exponentieller Glättung** versteht man ein Zeitreihenprognoseverfahren, das den Prognosewert für eine neue Periode aus dem gewichteten arithmetischen Mittel des realisierten und des prognostizierten Zeitreihenwertes der Vorperiode errechnet:

$$\hat{x}_{t+1} = \alpha x_t + (1 - \alpha)\, \hat{x}_t$$

Gestartet wird die Rekursionsbeziehung mit $\hat{x}_0 = x_0$.

● *Definition 8.4:* Ein **additives Zeitreihenmodell** zerlegt eine vorhandene Zeitreihe in vier additiv verknüpfte Einzelreihen: die Trendkomponente L, die Konjunkturkomponente K, die Saisonkomponente S und die Residualkomponente U:

$$x_t = l_t + k_t + s_t + u_t$$

Beim **multiplikativen Zeitreihenmodell** sind die vier Komponenten multiplikativ verknüpft.

● *Definition 8.5:* Als **glatte Komponente G** einer Zeitreihe bezeichnet man die Zusammenfassung von Konjunktur- und Trendkomponente:

$$g_t = l_t + k_t$$

Satz 8.1: (Bestimmung der Trendkomponente)

Die **Trendkomponente** bestimmt sich als Ergebnis eines einfachen Regressionsansatzes zwischen den Zeitpunkten t als erklärende Variable und den Beobachtungswerten x_t als zu erklärende Variable:

$$x_t = g(t) + e_t$$

● *Definition 8.6:* Der **gleitende Durchschnitt** einer Zeitreihe $\{x_t\}$ für einen Zeitpunkt oder Zeitraum t ist das (gewogene) arithmetische Mittel des eigenen und benachbarter Merkmalswerte:

$$\overline{x}_t = \frac{1}{2m+1} \sum_{\tau=t-m}^{t+m} x_\tau \qquad \text{(ungerade Saisonlänge)}$$

$$\overline{x}_t = \frac{1}{2m} \left(\frac{1}{2} x_{t-m} + \frac{1}{2} x_{t+m} + \sum_{\tau=t-m+1}^{t+m-1} x_\tau \right) \qquad \text{(gerade Saisonlänge)}$$

Satz 8.2: (Bestimmung der glatten Komponente)

Unter den Bedingungen:

A1: Die **glatte Komponente** kann für die Länge einer Saison über eine lineare Funktion angenähert werden:

$$g_\tau = a + b \cdot \tau \qquad t - m \leqslant \tau \leqslant t + m$$

A2: Die Residualreihe $\{u_t\}$ schwankt regellos um Null.

A3: Die Saisonkomponenten gleichen sich über die Länge einer Saison aus:

$$\sum_{\tau=t-m}^{t+m} s_\tau = 0,$$

gilt: $g_t \approx \overline{x}_t$.

● *Definition 8.7:* Die **Saisonveränderungszahl** (Phasendurchschnittsverfahren bei konstanter Saisonfigur) ist eine Schätzung für die saisonale Komponente. Sie bestimmt sich zunächst als arithmetisches Mittel der um die glatte Komponente bereinigten Zeitreihe für alle gleichen Saisonabschnitte:

$$s_{\cdot j} := \frac{1}{v_j} \sum_{i=1}^{v_j} (x_{ij} - g_{ij}) \qquad j=1,2, \ldots ,2m(+1),$$

anschließend wird ihre Summe $\left(\sum_{j=1}^{2m(+1)} \overline{s}_{\cdot j} \right)$ auf Null normiert:

$$s_{ij} \approx \overline{s}_{\cdot j} - \frac{1}{2m(+1)} \sum_{j=1}^{2m(+1)} \overline{s}_{\cdot j}.$$

● *Definition 8.8:* Die **Saisonindexziffer** $(1+\lambda_j)$ (Phasendurchschnittsverfahren bei variabler Saisonfigur) mißt das Vielfache des um die Residualkomponente bereinigten Zeitreihenwertes $(x_{ij}-u_{ij})$ gegenüber der glatten Komponente g_{ij} für gleichartige Saisonabschnitte. Sie bestimmt sich zunächst als arithmetisches Mittel der durch die glatte Komponente dividierten Zeitreihe für gleiche Saisonabschnitte:

$$\overline{(1+\lambda_j)} := \frac{1}{v_j} \sum_{i=1}^{v_j} \frac{x_{ij}}{g_{ij}} \qquad j=1,2,\ldots,2m(+1),$$

anschließend wird ihr Durchschnitt $\left(\frac{1}{2m(+1)} \sum_{j=1}^{2m(+1)} \overline{(1+\lambda_j)} \right)$ auf Eins normiert:

$$(1+\lambda_j) \approx \overline{(1+\lambda_j)} \cdot \frac{2m(+1)}{\sum_{j=1}^{2m(+1)} \overline{(1+\lambda_j)}} \qquad j=1,2,\ldots,2m(+1)$$

Aufgaben

8.1) Auf dem Weltmarkt wurden quartalsweise folgende Kaffeepreise für 50 kg Rohkaffee [$] gemessen:

Jahr Quartal	Preis	Jahr Quartal	Preis	Jahr Quartal	Preis	Jahr Quartal	Preis
77.1	33	77.2	32	77.3	33	77.4	22
78.1	29	78.2	32	78.3	36	78.4	28
79.1	32	79.2	32	79.3	30	79.4	18
80.1	24	80.2	27	80.3	29	80.4	30
81.1	27	81.2	29	81.3	29	81.4	17
82.1	20	82.2	21	82.3	23	82.4	14

a) Zeichnen Sie die Zeitreihe.

b) Glätten Sie die Zeitreihe exponentiell mit $\alpha = 0{,}3$ und 0,7.

c) Entscheiden Sie über den für die Glättung geeigneteren der beiden Glättungsparameter.

8.2) Zerlegen Sie die Zeitreihe aus Aufgabe 8.1 in die

a) Trendkomponente

b) Konjunkturkomponente

c) Saisonkomponente (konstante Saisonfigur).

Literaturhinweise

Box, G. E. P.; Jenkins, G.: Time series analysis forecasting and control, San Francisco 1970

Brown, R. G.: Smoothing, Forecasting and Prediction of District Time Series, Englewood Cliffs, New Jersey 1963

Creutz, G.: Möglichkeiten und Probleme der Beurteilung von Saisonbereinigungsverfahren, Frankfurt 1979

König, H.; Wolters, J.: Einführung in die Spektralanalyse ökonomischer Zeitreihen, Meisenheim am Glan 1972

Leiner, B.: Spektralanalyse ökonomischer Zeitreihen, 2. Aufl., Wiesbaden 1978

Leiner, B.: Einführung in die Zeitreihenanalyse, München-Wien 1982

Ramb, B.-T.: Zeitentwicklungsanalyse, Berlin 1977

Stier, W.: Verfahren zur Analyse saisonaler Schwankungen in ökonomischen Zeitreihen, Berlin-Heidelberg-New York 1980

Wald, A.: Berechnung und Ausschaltung von Saisonschwankungen, Wien 1936.

ANHANG

ANHANG 1: Das Rechnen mit dem Summenzeichen

Eine Summe vieler Zahlen läßt sich häufig in der Summenschreibweise einfach darstellen. Es gilt bspw.:

$$2 + 4 + \ldots + 200 = \sum_{i=1}^{100} 2i$$

In der Summenschreibweise bedeutet:

i	den Summationsindex
1,100	die Summationsgrenzen
und	
2i	die Summationsvariable

$$x_1 + x_2 + \ldots + x_n = \sum_{i=1}^{n} x_i$$

Für das Rechnen mit dem Summenzeichen gelten nachfolgende Regeln:

1. $$\sum_{i=1}^{n} a = \underbrace{a+a+\ldots+a}_{\text{n-mal}} = n \cdot a$$

2. $$\sum_{i=1}^{n} (x_i+y_i) = (x_1+y_1) + (x_2+y_2) + \ldots + (x_n+y_n)$$
$$= (x_1+x_2+\ldots+x_n) + (y_1+y_2+\ldots+y_n)$$
$$= \sum_{i=1}^{n} x_i + \sum_{i=1}^{n} y_i$$

3. $$\sum_{j=1}^{m} a \cdot z_j = a \cdot z_1 + a \cdot z_2 + \ldots + a \cdot z_m$$
$$= a(z_1 + z_2 + \ldots + z_m) = a \sum_{j=1}^{m} z_j$$

4. $$\sum_{j=1}^{m} x_{k+j} = x_{k+1} + x_{k+2} + \ldots + x_{k+m} = \sum_{j=k+1}^{k+m} x_j$$

5. $\sum_{i=1}^{n} (\sum_{j=1}^{m} x_{ij}) = \sum_{i=1}^{n} (x_{i1} + x_{i2} + \ldots + x_{im})$

$= (x_{11} + x_{12} + \ldots + x_{1m}) + \ldots + (x_{n1} + x_{n2} + \ldots + x_{nm})$

$= (x_{11} + x_{21} + \ldots + x_{n1}) + \ldots + (x_{1m} + x_{2m} + \ldots + x_{nm})$

$= \sum_{j=1}^{m} (x_{1j} + x_{2j} + \ldots + x_{nj}) = \sum_{j=1}^{m} (\sum_{i=1}^{n} x_{ij})$

6. $(\sum_{i=1}^{n} x_i) \cdot (\sum_{j=1}^{m} y_j) = (x_1 + x_2 + \ldots + x_n) \cdot (y_1 + y_2 + \ldots + y_m)$

$$\begin{aligned} = \; & x_1 y_1 + x_1 y_2 + \ldots + x_1 y_m \\ & + x_2 y_1 + x_2 y_2 + \ldots + x_2 y_m \\ & \quad \vdots \qquad\qquad \vdots \qquad\qquad \vdots \\ & + x_n y_1 + x_n y_2 + \ldots + x_n y_m \end{aligned}$$

$= \sum_{i=1}^{n} \sum_{j=1}^{m} x_i y_i \; (= \sum_{j=1}^{m} \sum_{i=1}^{n} x_i y_i)$

Weisen Sie nach:

$\sum_{i=1}^{7} 2i = 56$

$\sum_{i=5}^{8} 2(i+3) = 76$

$\sum_{i=1}^{8} i^2 = 204$

$(\sum_{i=5}^{9} i)^2 = 1\,225$

$\sum_{i=0}^{2} \sum_{j=1}^{3} i \cdot j = 18$

$\sum_{i=1}^{2} \sum_{j=2}^{4} (2j+i) = 45$

$\sum_{i=1}^{n} (x_i - a)^2 = \sum_{i=1}^{n} x_i^2 - 2a \cdot \sum_{i=1}^{n} x_i + n \cdot a^2$

ANHANG 2: Aufgabenlösungen

1.1) a) absolutskaliert, b) nominalskaliert, c) intervallskaliert, d) ordinalskaliert.

1.2) a) diskret, abzählbar; b) diskret (kleinste Einheit 1 DPf), abzählbar; c) diskret, endlich, abzählbar; d) stetig; e) diskret, dichotom, endlich, abzählbar.

2.1) Urliste

Schüler	Note
1	2
2	4
3	5
4	3
5	4
6	1
7	3
8	4
9	2
10	3

Häufigkeitstabelle

Noten	Anzahl	$\frac{n_j}{n}$	z_j
1	1	0,1	0,1
2	2	0,2	0,3
3	3	0,3	0,6
4	3	0,3	0,9
5	1	0,1	1,0
Σ	10	1,0	

2.2) Häufigkeitstabelle

K_j	n_j	n_j/n	z_j	$n_j/(n \cdot \Delta_j)$
[0;400)	2	0,2	0,2	0,0005
[400;500)	3	0,3	0,5	0,0030
[500;600)	2	0,2	0,7	0,0020
[600;800]	3	0,3	1,0	0,0015
Σ	10	1,0		

3.1) a)

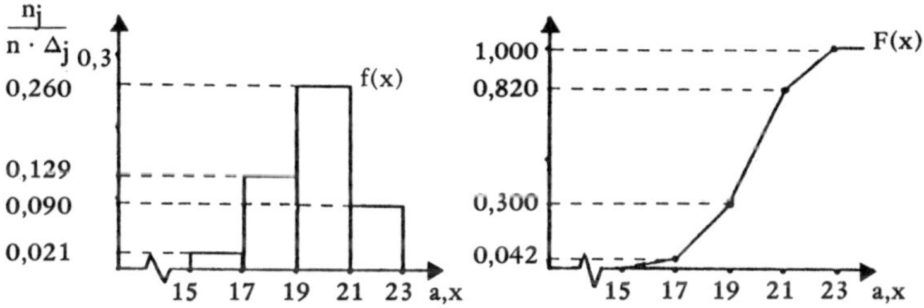

b) F(20) = 0,56. 56 % der Flaschen wurden unter dem Richtpreis, 44 % über dem Richtpreis verkauft.

c) ${}^{40}x = 19 + (0{,}4 - 0{,}3)/0{,}26 = 19{,}38$. 40 % der Flaschen kosten 19,38 DM oder weniger.

3.2)

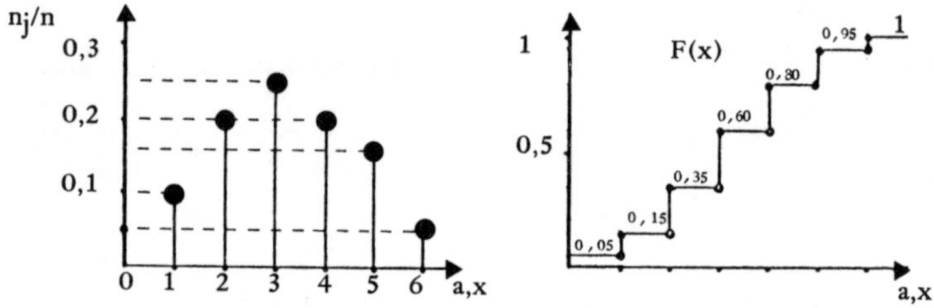

4.1) Erreicht die Häufigkeitsfunktion für die Merkmalsausprägung bzw. Klassenmitte a_{j*} ihr Maximum, so ist a_{j*} Modus. Vermöge einer injektiven Transformation g (Injektivität heißt, daß eine eindeutige Zuordnung zwischen Funktionswert und Argument besteht. Jedes Argument hat einen anderen Funktionswert et vice versa.) ballen sich die transformierten Werte bei $g(a_{j*})$, so daß gilt:

$$g(\bar{x}(x_1, \ldots, x_n)) = g(a_{j*}) = \bar{x}(g(x_1), \ldots, g(x_n)).$$

4.2) Wenn der Median nur Nominalskalenniveau voraussetzen würde, müßte die Bedingung (4.1) aus Kapitel 4.1.1 für alle injektiven Transformationen erfüllt werden können. Sei $x_1 = 1$, $x_2 = 2$, $x_3 = 3$, $x_4 = 4$, und $x_5 = 5$, weiter g eine injektive Abbildung mit folgenden Eigenschaften: $g(1) = 31$, $g(2) = 52$, $g(3) = 13$, $g(4) = 44$ und $g(5) = 25$.

Es ist:

$$g(\bar{x}(x_1, \ldots, x_5)) = g(3) = 13$$

$$\bar{x}(g(x_1), \ldots, g(x_5)) = \bar{x}(31, 52, 13, 44, 25) = 31$$

Damit gehört mindestens eine injektive Abbildung nicht in die Menge G, so daß Nominalskalenniveau nicht ausreicht zum Einsatz des Medians.

4.3) *Median:*

Rangwertreihe liegt bereits vor; n(=11) ist ungerade, so daß

$\bar{x} = x_{(n+1)/2} = x_6 = 319{,}42$ Mrd. DM.

Arithmetisches Mittel:

$\bar{x} = \frac{1}{11}(226{,}97 + 246{,}63 + \ldots + 470{,}8) = 338{,}13$ Mrd. DM

4.4) a) Häufigkeitstabelle

K_j	n_j	$\frac{n_j}{n}$	$\frac{z_j}{n}$	$\frac{n_j}{n \cdot \Delta_j}$
[0;1)	3	0,15	0,15	0,15
[1;2,5)	9	0,45	0,60	0,30
[2,5;4,5)	7	0,35	0,95	0,175
[4,5;7]	1	0,05	1,00	0,02
Σ	20	1,00		

Modus:

$\bar{x} = \frac{1}{2}(2{,}5+1) = 1{,}75$

Median:

Der 50-Prozentpunkt fällt in die 2. Klasse

$\bar{x} = 1 + (0{,}5 - 0{,}15)/0{,}3 = 2{,}17$

Arithmetisches Mittel:

$\bar{x} = \frac{1}{20}(3 \cdot 0{,}5 + 9 \cdot 1{,}75 + 7 \cdot 3{,}5 + 1 \cdot 5{,}75) = 2{,}38$

b) $\bar{x}_G = \frac{1}{25}(20 \cdot 2{,}38 + 5 \cdot 15) = 4{,}90$

c) Anzahl der Beschäftigten mittlerer Unternehmen:

$n_1 = 20 \cdot 500 = 10\,000$

Anzahl der Beschäftigten in Großunternehmen:

$n_2 = 5 \cdot 2\,000 = 10\,000$

Anzahl der Beschäftigten insgesamt: $n = 20\,000$

Auftragsbestand mittlere Unternehmen:

$A_1 = 20 \cdot 2{,}38 = 47{,}6$

Auftragsbestand Großunternehmen: $A_2 = 5 \cdot 15 = 75$

Auftragsbestand insgesamt: $A = 122{,}6$

Auftragsbestand pro Beschäftigte: $\frac{A}{n} = \frac{122{,}6}{20\,000} = 0{,}00613$

Pro Beschäftigten besteht ein Auftragsbestand von 6 130,– DM.

4.5) *Sechsjähriger Wachstumsfaktor:* $\frac{Y_{1981}}{Y_{1975}} = 1{,}487$

jährliche Durchschnittsrate: $\overline{w}_1 = \sqrt[6]{1{,}487} - 1 = 0{,}0684$

Im Schnitt ist die Bruttowertschöpfung jährlich um 6,84 Prozent gewachsen.

4.6) a) *arithmetisches Mittel:* $\overline{x} = \frac{1}{2}(1 \cdot 80 + 1 \cdot 120) = 100$ km/h

b) *harmonisches Mittel:*

$$\overline{x} = \frac{1}{\frac{1}{200}(80 \cdot \frac{1}{80} + 120 \cdot \frac{1}{120})} = 100 \text{ km/h}$$

4.7) a) *harmonisches Mittel:*

$$\overline{x} = \frac{1}{\frac{1}{1\,101\,600}(777\,600 \cdot \frac{1}{12} + 324\,000 \cdot \frac{1}{15})}$$

$$= 12{,}75 \frac{1}{\text{sec}}$$

b) *gewogenes arithmetisches Mittel:*

$$\overline{x} := \frac{1}{n^*} \cdot \Sigma\, n_{j^*} a_j \quad \text{mit} \quad n_{j^*} = \frac{n_j}{a_j}$$

absolute Häufigkeiten: $n_1^* = \frac{777\,600}{12} = 64\,800;$

$n_2^* = \frac{324\,000}{15} = 21\,600;\ n^* = 86\,400$

Gewichte: $\frac{n_1^*}{n^*} = 0{,}75; \frac{n_2^*}{n^*} = 0{,}25$

4.8) a) *Spannweite:* $s = 520 - 360 = 160$

b) Rangwertreihe: 360, 380, 400, 400, 420, 440, 460, 480, 500, 520, 520

Median: $\overline{x} = x_{(11+1)/2} = x_6 = 440$

Durchschnittliche Abweichung:

$$s = \frac{1}{11}(|480-440| + |520-440| + \ldots + |520-440|) = 47{,}27$$

c) Arithmetisches Mittel:

$$\bar{x} = \frac{1}{11}(480 + 520 + \ldots + 520) = 443{,}64$$

Streuung:

$$s^2 = \frac{1}{11}((480-443{,}64)^2 + (520-443{,}64)^2 + \ldots$$

$$\ldots + (520-443{,}64)^2) = 2\,895{,}87$$

Standardabweichung: $s = \sqrt{2\,895{,}87} = 53{,}81$

d) *Variationskoeffizient:*

$$v_1 = \frac{s}{\bar{x}} = \frac{53{,}81}{443{,}64} = 0{,}1213$$

$$v_2 = \frac{\sqrt{1\,600}}{200} = 0{,}2$$

Im Filialbetrieb schwanken die Fehlzeiten um 20 Prozent, das ist mehr als im Hauptwerk, wo diese um 12,13 Prozent schwanken.

4.9) a) Häufigkeitstabelle

Altersklassen	n_j	n_j/n	z_j/n	$\frac{n_j}{n \cdot \Delta_j}$
[0; 7)	1 235	0,1157	0,1157	0,01653
[7; 18)	1 627	0,1524	0,2681	0,01385
[18; 35)	2 987	0,2799	0,5480	0,01646
[35; 55)	3 123	0,2926	0,8406	0,01463
[55; 65)	943	0,0884	0,9290	0,00884
[65;100]	758	0,0710	1,0000	0,00203
Σ	10 673	1,0000		

Prozentpunkte:

$$75_x = 35 + (0{,}75-0{,}548)/0{,}01463 = 48{,}81$$

$$25_x = 7 + (0{,}25-0{,}1157)/0{,}01385 = 16{,}70$$

Quartilsabstand: $s = 48{,}81 - 16{,}70 = 32{,}11$

Modus: $\overline{x} = 3{,}5$

Nominalabweichung:

$$s = \frac{1}{10\,673} (1\,235 \cdot 0 + 1\,627 \cdot 1 + \ldots + 758 \cdot 1)$$
$$= 0{,}8843$$

b) Arithmetisches Mittel:

$$\overline{x} = \frac{1}{10\,673} (1\,235 \cdot 3{,}5 + 1\,627 \cdot 12{,}5 + 2\,987 \cdot 26{,}5$$
$$+ 3\,123 \cdot 45 + 943 \cdot 60 + 758 \cdot 82{,}5) = 34{,}05$$

Streuung:

$$s^2 = \frac{1}{10\,673} \cdot (1\,235 \cdot (3{,}5 - 34{,}05)^2 + 1\,627 \cdot (12{,}5 - 34{,}05)^2$$
$$+ \ldots + 758 \cdot (83{,}5 - 34{,}05)^2)$$
$$= 456{,}03$$

Standardabweichung: $s = \sqrt{456{,}03} = 21{,}36$

c) Bei b) wurden die Streuungen in den Klassen um die Klassenmitte nicht berücksichtigt. Es wurde nur die externe Streuung zwischen den Klassen ermittelt.

Streuungszerlegungssatz:

interne Streuung:

$$s^2_{int} = \frac{1}{10\,673} \cdot (1\,235 \cdot 4 + 1\,627 \cdot 25 + \ldots + 758 \cdot 64)$$
$$= 37{,}67$$

externe Streuung: $s^2_{ext} = 456{,}03$ (vgl. a)

Gesamtstreuung: 493,7

d) *Streuungszerlegungssatz:*

interne Streuung:

$$s_{int}^2 = \frac{1}{16\,300}(10\,673 \cdot 493{,}7 + 5\,627 \cdot 400) = 461{,}35$$

externe Streuung: $s_{ext}^2 = 0$ da $\overline{x}_1 = \overline{x}_2 = \overline{x}$

Gesamtstreuung: $s^2 = 461{,}35$

4.10) $$s^2(a+bx_1, \ldots, a+bx_n) = \frac{1}{n}\sum_{i=1}^{n}(a+bx_i - \overline{(a+bx)})^2$$

Es gilt:

$$\overline{(a+bx)} = \frac{1}{n}\sum_{i=1}^{n}(a+bx_i) = \frac{1}{n}\sum_{i=1}^{n} a + b \cdot \frac{1}{n}\sum_{i=1}^{n} x_i$$
$$= a + b\overline{x}$$

Daraus folgt:

$$s^2(a+bx_1, \ldots, a+bx_n) = \frac{1}{n}\sum_{i=1}^{n}(a+bx_i - (a+b\overline{x}))^2$$
$$= \frac{1}{n}\sum_{i=1}^{n}(b(x_i - \overline{x}))^2$$
$$= b^2 \cdot \frac{1}{n}\sum_{i=1}^{n}(x_i - \overline{x})^2$$
$$= b^2 s^2(x_1, \ldots, x_n)$$

4.11)

Monat	Einlagen	$(x_i-\overline{x})$	$(x_i-\overline{x})^2$
Januar	22	−10	100
Februar	35	+ 3	9
März	40	+ 8	64
April	38	+ 6	36
Mai	32	0	0
Juni	25	− 7	49
Σ	192	–	258
$\frac{1}{n}\Sigma$	32	–	43

a) $\overline{x}$

b) s^2

4.12)

K_j	n_j	s_j	$\bar{x}_j$	$n_j\bar{x}_j$	s_j^2	$n_j s_j^2$	$(\bar{x}_j - \bar{x}_G)$	$(\bar{x}_j - \bar{x}_G)^2$	$n_j(\bar{x}_j - \bar{x}_G)^2$
[0,6; 0,7)	20	0,04	0,65	13	0,0016	0,032	−0,17	0,0289	0,578
[0,7; 0,8)	60	0,05	0,75	45	0,0025	0,150	−0,07	0,0049	0,294
[0,8; 0,9)	80	0,06	0,85	68	0,0036	0,288	0,03	0,0009	0,072
[0,9; 1,0]	40	0,05	0,95	38	0,0025	0,100	0,13	0,0169	0,676
Σ	200	–	–	164	–	0,57	–	–	1,62
$\frac{1}{n}\Sigma$	1	–	–	0,82	–	0,00285	–	–	0,0081
				$\bar{x}_G$		s_{int}^2			s_{ext}^2

arithmetisches Mittel: $\bar{x}_G = 0{,}82$

Streuung: $s_G^2 = s_{int}^2 + s_{ext}^2 = 0{,}01095$

Standardabweichung: $s_G = 0{,}1046$

Variationskoeffizient: $v = \dfrac{s_G}{\bar{x}_G} = 0{,}1276$

5.1) Rangwertreihe und Rechentabelle

	1970				1980			
i	p_i	p_i^2	$p_i^{p_i}$	$p_i \cdot i$	p_i	p_i^2	$p_i^{p_i}$	$p_i \cdot i$
1	0,041	0,0017	0,877	0,041	0,038	0,0014	0,883	0,038
2	0,057	0,0032	0,849	0,114	0,077	0,0059	0,821	0,154
3	0,066	0,0044	0,836	0,198	0,119	0,0142	0,776	0,357
4	0,120	0,0144	0,775	0,480	0,133	0,0177	0,765	0,532
5	0,716	0,5127	0,787	3,580	0,633	0,4007	0,749	3,165
Σ	1,000	0,5364	–	4,413	1,000	0,4399	–	4,246
π	–	–	0,380	–	–	–	0,322	–
		Herfindahl-Index	Exponential-Index			Herfindahl-Index	Exponential-Index	

a) *Konzentrationskoeffizienten:*

1970: c(2) = 0,716 + 0,120 = 0,836

1980: c(2) = 0,633 + 0,133 = 0,766

b) *Herfindahl-Indices:*

1970: c = 0,5364; 1980: c = 0,4399

Exponential-Indices:

1970: c = 0,380; 1980: c = 0,322

c) *Gini-Koeffizienten:*

$$1970\colon c = \frac{2 \cdot 4{,}413 - 6}{5} = 0{,}5652$$

$$1980\colon c = \frac{2 \cdot 4{,}246 - 6}{5} = 0{,}4984$$

d) $x_{i^*} \leqslant \bar{x}$ ist gleichbedeutend mit $p_{i^*} \leqslant \bar{p}$ (= 0,2).
Damit ist $i^* = 4$ sowohl in 1970 als auch 1980.

Maximale Nivellierungssätze:

$$1970\colon\ c = \left(\frac{4}{5} - (0{,}041+0{,}057+0{,}066+0{,}120)\right) = 0{,}516$$

$$1980\colon\ c = \left(\frac{4}{5} - (0{,}038+0{,}077+0{,}119+0{,}133)\right) = 0{,}433$$

Alle Konzentrationskoeffizienten weisen auf eine Dekonzentration hin. Im Angesicht dieser Berechnungen ist die oben formulierte These unhaltbar.

5.2) Häufigkeits- und Rechentabelle:

K_j	n_j	z_j	z_j/n	a_j	$n_j \cdot a_j$	p_j	t_j	$z_j - \frac{n_j}{2}$	$p_j(z_j - \frac{n}{2})$
[0; 1000)	1754	1754	0,0734	500	877 000	0,0107	0,0107	877,0	9,38
[1000; 2000)	6941	8695	0,3640	1500	10 411 500	0,1264	0,1371	5 224,5	660,38
[2000; 3000)	5552	14247	0,5964	2500	13 880 000	0,1686	0,3057	11 471,0	1 934,01
[3000; 4000)	4127	18374	0,7691	3500	14 444 500	0,1754	0,4811	16 310,5	2 860,86
[4000; 6000)	3622	21996	0,9207	5000	18 110 000	0,2199	0,7010	20 185,0	4 438,68
[6000;20000]	1894	23890	1,0000	13000	24 622 000	0,2990	1,0000	22 943,0	6 859,96
Σ	23890	–	–	–	82 345 000	1,0000	–	–	16 763,27

u_j t_j

a) *Lorenzkurve:*

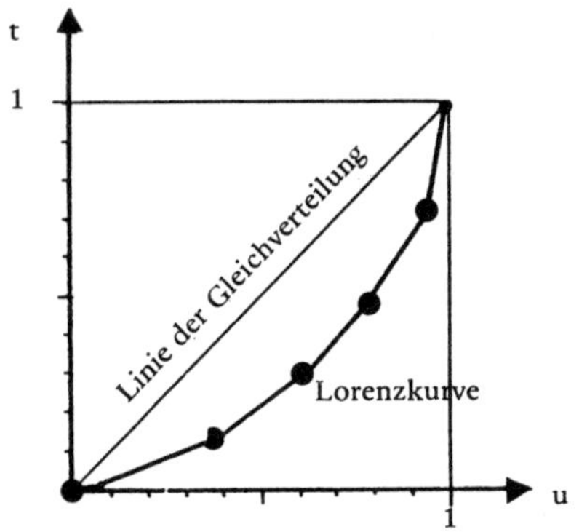

b) *Gini-Koeffizient:*

$$c = \frac{2 \cdot 16\,763{,}27 - 23\,890}{23\,890} = 0{,}4034$$

5.3) Die Lorenzkurve lautet jeweils in den Intervallen $u_{j-1} \leqslant u \leqslant u_j$:

$$L(u) = t_{j-1} + \frac{t_j - t_{j-1}}{u_j - u_{j-1}} (u - u_{j-1})$$

$$= \sum_{k=1}^{j=1} p_k + \frac{p_j \cdot n}{n_j} \left(u - \frac{z_{j-1}}{n}\right)$$

Die Fläche unter einem dieser Teilstücke ist:

$$\int_{u_{j-1}}^{u_j} L(u)\, du$$

$$= \left(\sum_{k=1}^{j-1} p_k \quad \frac{p_j \cdot z_{j-1}}{n_j} \right) \frac{n_j}{n} + \frac{p_j \cdot n}{n_j} \cdot \frac{1}{2} \left(\left(\frac{z_j}{n}\right)^2 - \left(\frac{z_{j-1}}{n}\right)^2 \right)$$

$$= \frac{n_j}{n} \sum_{k=1}^{j-1} p_k - \frac{p_j \cdot z_{j-1}}{n} + \frac{p_j}{2n_j \cdot n} (z_j^2 - z_{j-1}^2)$$

Es ist:

$$\begin{aligned}
z_j^2 = n_1^2 &+ 2n_1 n_2 + \ldots + 2n_1 n_{j-1} + 2n_1 n_j \\
&+ n_2^2 \quad + \ldots + 2n_2 n_{j-1} + 2n_2 n_j \\
&\qquad \vdots \\
&\qquad\qquad + n_{j-1}^2 \quad + 2n_{j-1} n_j \\
&\qquad\qquad\qquad + n_j^2
\end{aligned}$$

$$\begin{aligned}
z_{j-1}^2 = n_1^2 &+ 2n_1 n_2 + \ldots + 2n_1 n_{j-1} \\
&+ n_2^2 \quad + \ldots + 2n_2 n_{j-1} \\
&\qquad \vdots \\
&\qquad\qquad + n_{j-1}^2
\end{aligned}$$

Daraus folgt:

$$\begin{aligned}
z_j^2 - z_{j-1}^2 &= \sum_{k=1}^{j-1} 2n_j n_k + n_j^2 = n_j \, (2 \sum_{k=1}^{j-1} n_k + n_j) \\
&= n_j \cdot (2z_{j-1} + n_j)
\end{aligned}$$

Jetzt läßt sich die Fläche unter einem der Teilstücke präzisieren:

$$\begin{aligned}
\int_{u_{j-1}}^{u_j} L(u)\, du &= \frac{n_j}{n} \cdot \sum_{k=1}^{j-1} p_k - \frac{p_j \cdot z_{j-1}}{n} + \frac{p_j \cdot z_{j-1}}{n} + \frac{p_j n_j}{2n} \\
&= \frac{n_j}{n} \Big(\sum_{k=1}^{j-1} p_k + \frac{p_j}{2} \Big)
\end{aligned}$$

Die Gesamtfläche unterhalb der Lorenzkurve ist:

$$\begin{aligned}
\int_o^1 L(u)\, du &= \sum_{j=1}^{m} \frac{n_j}{n} \Big(\sum_{k=1}^{j-1} p_k + \frac{p_j}{2} \Big) \\
&= \frac{1}{n} \sum_{j=1}^{m} \sum_{k=1}^{j-1} n_j p_k + \frac{1}{n} \sum_{j=1}^{m} \frac{n_j}{2} \, p_j
\end{aligned}$$

Für die Doppelsumme ergibt sich:

$$\sum_{j=1}^{m}\sum_{k=1}^{j-1} n_j p_k = \begin{array}{l} n_2 p_1 \\ + n_3 p_1 + n_3 p_2 \\ \vdots \\ + n_m p_1 + n_m p_2 + \ldots + n_m p_{m-1} \end{array}$$

$$= (n - z_1)p_1 + (n - z_2)p_2 + \ldots + (n - z_{m-1})\, p_{m-1}$$

$$= \sum_{j=1}^{m} (n - z_j)p_j \quad ,$$

so daß für die Gesamtfläche weitergerechnet werden kann:

$$\int_0^1 L(u)\,du = \frac{1}{n} \sum_{j=1}^{m} (n-z_j)p_j + \frac{1}{n} \sum_{j=1}^{m} \frac{n_j}{2}\, p_j$$

$$= 1 - \frac{1}{n} \sum_{j=1}^{m} \left(z_j - \frac{n_j}{2}\right) \cdot p_j$$

Für den Gini-Koeffizienten gilt dann:

$$c = \frac{\frac{1}{2} - \left(1 - \frac{1}{n} \sum_{j=1}^{m} \left(z_j - \frac{n_j}{2}\right) p_j\right)}{\frac{1}{2}}$$

$$= \frac{n - 2n + 2 \cdot \sum_{j=1}^{m} \left(z_j - \frac{n_j}{2}\right) p_j}{n}$$

$$= \frac{2}{n} \sum_{j=1}^{m} p_j \left(z_j - \frac{n_j}{2}\right) - 1$$

$$= \frac{2}{n} \cdot \frac{\sum_{j=1}^{m} n_j \cdot a_j \left(z_j - \frac{n_j}{2}\right)}{\sum_{j-1}^{m} n_j \cdot a_j} - 1$$

6.1) a) *Kontingenztabelle bei statistischer Unabhängigkeit*

X \ Y	b_1	b_2	b_3	Σ
a_1	35,1	46,8	35,1	117
a_2	24,9	33,2	24,9	83
Σ	60	80	60	200

b) *Tabelle der quadratischenKontingenz:*

X \ Y	b_1	b_2	b_3	Σ
a_1	0,99	0,03	1,44	2,46
a_2	1,40	0,04	2,02	3,46
Σ	2,39	0,07	3,46	5,92 χ^2

Kontingenzkoeffizient:

$$r = \sqrt{\frac{5{,}92}{200 + 5{,}92}} = 0{,}17$$

Es besteht nur ein schwacher Zusammenhang zwischen Führungsstil und Gesellschaftsform.

6.2) $$s_{XY} := \frac{1}{n} \sum_{i=1}^{n} (x_i - \overline{x})(y_i - \overline{y}) = \frac{1}{n} \sum_{i=1}^{n} (x_i y_i - x_i \overline{y} - \overline{x} y_i + \overline{x}\,\overline{y})$$

$$= \frac{1}{n} \sum_{i=1}^{n} x_i y_i - \overline{y} \cdot \frac{1}{n} \sum_{i=1}^{n} x_i - \overline{x} \cdot \frac{1}{n} \sum_{i=1}^{n} y_i + \overline{x}\,\overline{y}$$

$$= \frac{1}{n} \sum_{i=1}^{n} x_i y_i - \overline{x}\,\overline{y}$$

6.3) Der Intelligenzquotient ist als ordinalskaliertes Merkmal aufzufassen, deswegen sind nur die Berechnung des Rangkorrelationskoeffizienten und des Fechnermaßes zulässig.

Rangkorrelationskoeffizient:

r_{x_i}	3 5 7 2 9 6 4 8 1 10	–
r_{y_i}	3 2 7 1 9 6 5 8 4 10	–
$(r_{x_i}-r_{y_i})^2$	0 9 0 1 0 0 1 0 9 0	20

$$r = 1 - \frac{6 \cdot 20}{9 \cdot 10 \cdot 11} = 0{,}879$$

Fechner-Korrelationskoeffizient:

i	x_i	y_i	$(x_i-\bar{x})$	$(y_i-\bar{y})$	$\mathrm{sgn}((x_i-\bar{x})(y_i-\bar{y}))$
1	120	3 500	16,5	600	1
2	105	4 300	1,5	1 400	1
3	98	2 300	−5,5	− 600	1
4	132	5 200	28,5	2 300	1
5	88	2 000	−15,5	− 900	1
6	102	2 600	−1,5	− 300	1
7	109	3 200	5,5	300	1
8	93	2 200	−10,5	− 700	1
9	136	3 300	32,5	400	1
10	82	1 900	−21,5	−1 000	1
Σ	–	–	–	–	20
$\frac{1}{n}\Sigma$	–	–	–	–	1
	$\bar{x}$ 103,5	$\bar{y}$ 2 900		$\bar{x}$, $\bar{y}$ Median	r

6.4) Mit Sicherheit gilt für beliebige $u_i, v_i \in \mathbb{R}$ $(i = 1, \ldots, n)$

$$\begin{aligned} 0 \leqslant (u_1^2 v_1^2 - u_1^2 v_1^2) &+ (u_1 v_2 - u_2 v_1)^2 + (u_1 v_3 - u_3 v_1)^2 + \ldots + (u_1 v_n - u_n v_1)^2 \\ &+ (u_2^2 v_2^2 - u_2^2 v_2^2) + (u_2 v_3 - u_3 v_2)^2 + \ldots + (u_2 v_n - u_n v_2)^2 \\ &+ (u_3^2 v_3^2 - u_3^2 v_3^2) + \ldots + (u_3 v_n - u_n v_3)^2 \\ &\quad \vdots \\ &+ (u_n^2 v_n^2 - u_n^2 v_n^2), \end{aligned}$$

denn $(u_i^2 v_i^2 - u_i^2 v_i^2) = 0$ und $(u_i v_j - u_j v_i)^2 \geqslant 0$. Die Auflösung der Quadrate bringt:

$$\begin{array}{llllll}
0 \leqslant (u_1^2 v_1^2 - u_1^2 v_1^2) & + (u_1^2 v_2^2 - 2u_1 v_2 u_2 v_1 + u_2^2 v_1^2) & + \ldots & + (u_1^2 v_n^2 - 2u_1 v_n u_n v_1 + u_n^2 v_1^2) \\
 & + \quad (u_2^2 v_2^2 - u_2^2 v_2^2) & + \ldots & + (u_2^2 v_n^2 - 2u_2 v_n u_n v_2 + u_n^2 v_2^2) \\
 & \quad \cdot & & \cdot \\
 & & \cdot & \cdot \\
 & & \quad \cdot & \cdot \\
 & & + & (u_n^2 v_n^2 - u_n^2 v_n^2)
\end{array}$$

Wir addieren jeweils $u_i^2 v_j^2$ für $i = j$ und $2u_i v_i u_j v_j$ für $i \neq j$:

$$\begin{array}{llll}
u_1^2 v_1^2 + 2u_1 v_1 u_2 v_2 + \ldots + 2u_1 v_1 u_n v_n & \leqslant u_1^2 v_1^2 + (u_1^2 v_2^2 + u_2^2 v_1^2) & + \ldots + (u_1^2 v_n^2 + u_n^2 v_1^2) \\
\quad + \quad u_2^2 v_2^2 + \ldots + 2u_2 v_2 u_n v_n & \quad + \quad u_2^2 v_2^2 & + \ldots + (u_2^2 v_n^2 + u_n^2 v_2^2) \\
\quad \cdot \qquad \cdot & \quad \cdot & \cdot \\
\qquad \cdot \quad \cdot & \qquad \cdot & \cdot \\
\qquad\quad \cdot \; \cdot & \qquad\quad \cdot & \cdot \\
\qquad\qquad + \; u_n^2 v_n^2 & & + \quad u_n^2 v_n^2
\end{array}$$

Umordnen ergibt:

$$\begin{array}{lllll}
u_1 v_1 u_1 v_1 & + u_1 v_1 u_2 v_2 + \ldots & + u_1 v_1 u_n v_n & \leqslant & u_1^2 v_1^2 + u_1^2 v_2^2 + \ldots + u_1^2 v_n^2 \\
+ u_2 v_2 u_1 v_1 & + u_2 v_2 u_2 v_2 + \ldots & + u_2 v_2 u_n v_n & & + u_2^2 v_1^2 + u_2^2 v_2^2 + \ldots + u_2^2 v_n^2 \\
\cdot & \cdot & \cdot & & \cdot \qquad \cdot \\
\cdot & \cdot & \cdot & & \cdot \qquad \cdot \\
\cdot & \cdot & \cdot & & \cdot \qquad \cdot \\
+ u_n v_n u_1 v_1 & + u_n v_n u_2 v_2 + \ldots & + u_n v_n u_n v_n & & + u_n^2 v_1^2 + u_n^2 v_2^2 + \ldots + u_n^2 v_n^2
\end{array}$$

Mit Summenzeichen geschrieben:

$$\sum_{i=1}^{n} \sum_{j=1}^{n} (u_i v_i) \cdot (u_j v_j) \leqslant \sum_{i=1}^{n} \sum_{j=1}^{n} u_i^2 v_j^2$$

Diese Doppelsummen lassen sich als das Produkt zweier Einzelsummen schreiben:

$$\left(\sum_{i=1}^{n} u_i v_i\right) \cdot \left(\sum_{i=1}^{n} u_i v_i\right) \leqslant \left(\sum_{i=1}^{n} u_i^2\right) \cdot \left(\sum_{i=1}^{n} v_i^2\right)$$

Setzen wir jetzt für $u_i = (x_i - \overline{x})$ und $v_i = (y_i - \overline{y})$ ein, dann erhalten wir:

$$\left(\sum_{i=1}^{n}(x_i-\bar{x})(y_i-\bar{y})\right)^2 \leqslant \left(\sum_{i=1}^{n}(x_i-\bar{x})^2\right) \cdot \left(\sum_{i=1}^{n}(y_i-\bar{y})^2\right)$$

oder:

$$s_{XY}^2 \leqslant s_X^2 \cdot s_Y^2$$

Zieht man die positive Wurzel, wie es für die Ermittlung der Standardabweichung üblich ist, so ist die Aufgabenstellung bewältigt:

$$s_{XY} \leqslant s_X \cdot s_Y$$

6.5) *1. Schritt:* Mittelwerte, Varianzen, Kovarianzen

i	x_i	y_i	$(x_i-\bar{x})$	$(y_i-\bar{y})$	$(x_i-\bar{x})^2$	$(y_i-\bar{y})^2$	$(x_i-\bar{x})(y_i-\bar{y})$
1	679,0	83,7	−92,15	−9,08	8491,6	82,44	836,7
2	701,7	85,6	−69,45	−7,18	4823,3	51,55	498,7
3	727,3	89,4	−43,85	−3,38	1922,8	11,42	148,2
4	763,0	95,3	−8,15	2,52	66,4	6,35	−20,5
5	765,7	92,1	−5,45	−0,68	29,7	0,46	3,7
6	752,3	86,7	−18,85	−6,08	355,3	36,97	114,6
7	792,0	92,2	20,85	−0,58	434,7	0,34	−12,1
8	812,2	97,7	41,05	4,92	1685,1	24,21	202,0
9	840,8	100,6	69,65	7,82	4851,1	61,15	544,7
10	877,5	104,5	106,35	11,72	11310,3	137,36	1246,4
Σ	7711,5	927,8	–	–	33970,3	412,25	3562,4
$\frac{1}{n}\Sigma$	771,2	92,78	–	–	3397,03	41,225	356,24
	$\bar{x}$	$\bar{y}$			s_X^2	s_Y^2	s_{XY}

2. Schritt: Bestimmtheitsmaß

$$r^2 = \frac{s_{XY}^2}{s_X^2 \cdot s_Y^2} = \frac{(356{,}24)^2}{3\,397{,}03 \cdot 41{,}225} = 0{,}906$$

Da 90,6 % der y_i durch die Regressionsgerade erklärt werden, besteht offenbar ein signifikanter Zusammenhang.

3. Schritt: Regressionskoeffizient

$$b_1 = \frac{s_{XY}}{s_X^2} = \frac{356{,}24}{3\,397{,}03} = 0{,}1049$$

4. Schritt: absolutes Glied

$b_0 = \overline{y} - b_1 \overline{x} = 92{,}78 - 0{,}1049 \cdot 771{,}15 = 11{,}89$

Die Regressionsgerade lautet: $y = 11{,}89 + 0{,}1049\, x$

7.1) a) Gliederungszahl; b) Meßzahl; c) Gliederungszahl; d) Beziehungszahl

7.2) a) $$V_{75,80} = \frac{x_{80}}{x_{75}} = \frac{x_{80}}{x_{78}} \cdot \frac{x_{78}}{x_{77}} \cdot \frac{x_{77}}{x_{75}}$$

$$= V_{78,80} \cdot V_{77,78} \cdot V_{75,77}$$

$$= 1{,}44 \cdot 1{,}1 \cdot 1{,}3 = 2{,}0592$$

Preis des Schreibtisches 1975:

$$P_{1975} = \frac{P_{1980}}{V_{75,80}} = 582{,}75 \text{ DM}$$

b) Preise des Jahres 1979:

- Schreibtisch: $$P_{1979} = \frac{P_{1980}}{V_{79,80}} = \frac{P_{1980}}{\frac{P_{1980}}{P_{1978}} \cdot \frac{P_{1978}}{P_{1979}}}$$

$$= \frac{P_{1980}}{V_{78,80} / V_{78,79}}$$

$$= \frac{1\,200}{1{,}44 / 1{,}2} = 1\,000{,}\text{– DM}$$

- Drehstuhl: $$P_{1979} = \frac{P_{1980}}{V_{79,80}} = \frac{550}{1{,}1} = 500{,}\text{– DM}$$

- Regal: $$P_{1979} = \frac{P_{1980}}{V_{79,80}} = \frac{230}{1{,}15} = 200{,}\text{– DM}$$

Mengen der Jahre 1979 und 1980:

	1979	*1980*
– Schreibtisch:	120	125
– Drehstuhl:	120	110
– Regal:	200	260

Indexzahlen:

$$Q^L_{79,80} = \frac{1\,000 \cdot 125 + 500 \cdot 110 + 200 \cdot 260}{1\,000 \cdot 120 + 500 \cdot 120 + 200 \cdot 200} = 1{,}055$$

$$Q^P_{79,80} = \frac{1\,200 \cdot 125 + 550 \cdot 110 + 230 \cdot 260}{1\,200 \cdot 120 + 550 \cdot 120 + 230 \cdot 200} = 1{,}056$$

$$P^L_{79,80} = \frac{1\,200 \cdot 120 + 550 \cdot 120 + 230 \cdot 200}{1\,000 \cdot 120 + 500 \cdot 120 + 200 \cdot 200} = 1{,}16$$

$$P^P_{79,80} = \frac{1\,200 \cdot 125 + 550 \cdot 110 + 230 \cdot 260}{1\,000 \cdot 125 + 500 \cdot 110 + 200 \cdot 260} = 1{,}17$$

Die Mengenindices weisen eine Mengensteigerung von 5,5 bzw. 5,6 %, die Preisindices eine Preissteigerung von 16 bzw. 17 % aus.

7.3)

	1978	1979	1980	1981	1982	1983	1984	1985
Reihe P	1,061	1,102	1,16	1,228				
Reihe $\overline{P}$				1,1	1,3	1,5	1,7	2,0

$$P^*_{76,82} := \overline{P}_{80,82} \cdot \frac{P_{76,81}}{\overline{P}_{80,81}} = 1{,}3 \cdot \frac{1{,}228}{1{,}1} = 1{,}451$$

$$P^*_{76,83} = 1{,}5 \cdot \frac{1{,}228}{1{,}1} = 1{,}675$$

$$P^*_{76,84} = 1{,}7 \cdot \frac{1{,}228}{1{,}1} = 1{,}898$$

$$P^*_{76,85} = 2 \cdot \frac{1{,}228}{1{,}1} = 2{,}233$$

Die Reihe P lautet dann:

1,061; 1,102; 1,16; 1,228; 1,451; 1,675; 1,898; 2,233.

8.1) a)

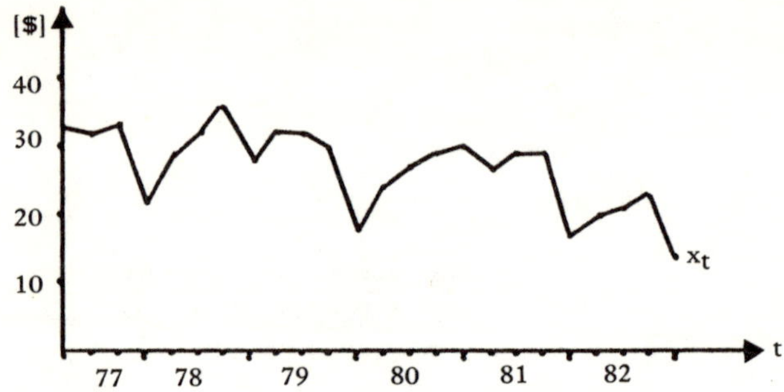

b, c)

Jahr	x_t	$\hat{x}_t$ $\alpha=0,3$	$\hat{x}_t$ $\alpha=0,7$	$(x_t-\hat{x}_t)$ $\alpha=0,3$	$(x_t-\hat{x}_t)$ $\alpha=0,7$	$(x_t-\hat{x}_t)^2$ $\alpha=0,3$	$(x_t-\hat{x}_t)^2$ $\alpha=0,7$
77.1	33	33	33	0,0	0,0	0,00	0,00
77.2	32	33	33	−1,0	−1,0	1,00	1,00
77.3	33	32,7	32,3	0,3	0,7	0,09	0,49
77.4	22	32,8	32,8	−10,8	−10,8	116,64	116,64
78.1	29	29,6	25,2	−0,6	3,8	0,36	14,44
78.2	32	29,4	27,9	2,6	4,1	6,76	16,81
78.3	36	30,2	30,8	5,8	5,2	33,64	27,04
78.4	28	31,9	34,4	−3,9	−6,4	15,21	40,96
79.1	32	30,7	29,9	1,3	2,1	1,69	4,41
79.2	32	31,1	31,4	0,9	0,6	0,81	0,36
79.3	30	31,4	31,8	−1,4	−1,8	1,96	3,24
79.4	18	31,0	30,5	−13,0	−12,5	169,00	156,25
80.1	24	27,1	21,8	−3,1	2,2	9,61	4,84
80.2	27	26,2	23,3	0,8	3,7	0,64	13,69
80.3	29	26,4	25,9	2,6	3,1	6,76	9,61
80.4	30	27,2	28,1	2,8	1,9	7,84	3,61
81.1	27	28,0	29,4	−1,0	−2,4	1,00	5,76
81.2	29	27,7	27,7	1,3	1,3	1,69	1,69
81.3	29	28,1	28,6	0,9	0,4	0,81	0,16
81.4	17	28,4	28,9	−11,4	−11,9	129,96	141,61
82.1	20	25,0	20,6	−5,0	−0,6	25,00	0,36
82.2	21	23,5	20,2	−2,5	0,8	6,25	0,64
82.3	23	22,8	20,8	0,2	2,2	0,04	4,84
82.4	14	22,9	22,3	−8,9	−8,3	79,21	68,89
83.1		20,2	16,5				
Σ	–	–	–	–	–	615,97	637,34
$\frac{1}{n}\Sigma$	–	–	–	–	–	25,67	26,56

Die durchschnittliche quadratische Abweichung zwischen den Prognosewerten und den Zeitreihenwerten ist für $\alpha = 0{,}3$ geringfügig kleiner. Damit ist $\alpha = 0{,}3$ der geeignetere Glättungsparameter.

8.2) a) Ansatz mit linearer Trendfunktion

Jahr	t	Preis x_t	$(t-\bar{t})$	$(x_t-\bar{x})$	$(t-\bar{t})^2$	$(x_t-\bar{x})^2$	$(t-\bar{t}) \cdot (x_t-\bar{x})$	l_t
77.1	0	33	−11,5	6,04	132,3	36,5	−69,5	33,07
77.2	1	32	−10,5	5,04	110,3	25,4	−52,9	32,54
77.3	2	33	−9,5	6,04	90,3	36,5	−57,4	32,01
77.4	3	22	−8,5	−4,96	72,3	24,6	+42,2	31,48
78.1	4	29	−7,5	2,04	56,3	4,2	−15,3	30,94
78.2	5	32	−6,5	5,04	42,3	25,4	−32,8	30,41
78.3	6	36	−5,5	9,04	30,3	81,7	−49,7	29,88
78.4	7	28	−4,5	1,04	20,3	1,1	−4,7	29,35
79.1	8	32	−3,5	5,04	12,3	25,4	−17,6	28,82
79.2	9	32	2,5	5,04	6,3	25,4	−12,6	28,29
79.3	10	30	−1,5	3,04	2,3	9,2	−4,6	27,76
79.4	11	18	−0,5	−8,96	0,3	80,3	+4,5	27,23
80.1	12	24	0,5	−2,96	0,3	8,8	−1,5	26,69
80.2	13	27	1,5	0,04	2,3	0,0	+0,1	26,16
80.3	14	29	2,5	2,04	6,3	4,2	+5,1	25,63
80.4	15	30	3,5	3,04	12,3	9,2	+10,6	25,10
81.1	16	27	4,5	0,04	20,3	0,0	+0,2	24,57
81.2	17	29	5,5	2,04	30,3	4,2	+11,2	24,04
81.3	18	29	6,5	2,04	42,3	4,2	+13,3	23,51
81.4	19	17	7,5	−9,96	56,3	99,2	−74,7	22,98
82.1	20	20	8,5	−6,96	72,3	48,4	−59,2	22,44
82.2	21	21	9,5	−5,96	90,3	35,5	−56,6	21,91
82.3	22	23	10,5	−3,96	110,3	15,7	−41,6	21,38
82.4	23	14	11,5	−12,96	132,3	168,0	−149,0	20,85
Σ	276	647	–	–	1151,2	773,1	−612,5	–
$\frac{1}{n}\Sigma$	11,5	26,96	–	–	48,0	32,2	−25,5	–

$r^2 = 0{,}421$ $\qquad b_1 = -0{,}5313$ $\qquad b_0 = 33{,}07$

b)

Jahr	t	x_t	g_t	l_t	$k_t=g_t-l_t$
77.1	0	33	–	33,07	–
77.2	1	32	–	32,54	–
77.3	2	33	29,50	32,01	−2,51
77.4	3	22	29,00	31,48	−2,48
78.1	4	29	29,38	30,94	−1,56
78.2	5	32	30,50	30,41	0,09
78.3	6	36	31,63	29,88	1,75
78.4	7	28	32,00	29,35	2,65
79.1	8	32	31,25	28,82	2,43
79.2	9	32	29,25	28,29	0,96
79.3	10	30	27,00	27,76	−0,76
79.4	11	18	25,38	27,23	−1,85
80.1	12	24	24,63	26,69	−2,06
80.2	13	27	26,00	26,16	−0,16
80.3	14	29	27,88	25,63	2,25
80.4	15	30	28,50	25,10	3,40
81.1	16	27	28,75	24,57	4,18
81.2	17	29	27,13	24,04	3,09
81.3	18	29	24,63	23,51	1,12
81.4	19	17	22,75	22,98	−0,23
82.1	20	20	21,00	22,44	−1,44
82.2	21	21	19,88	21,91	−2,03
82.3	22	23	–	21,38	–
82.4	23	14	–	20,85	–

c)

Jahr	x_{ij}	g_{ij}	$x_{i1}-g_{i1}$	$x_{i2}-g_{i2}$	$x_{i3}-g_{i3}$	$x_{i4}-g_{i4}$	s_{ij}
77.1	33	–					–
77.2	32	–					–
77.3	33	29,50			3,50		3,324
77.4	22	29,00				−7,00	−4,474
78.1	29	29,38	−0,38				−0,550
78.2	32	30,50		1,50			1,700
78.3	36	31,63			4,37		3,324
78.4	28	32,00				−4,00	−4,474
79.1	32	31,25	0,75				−0,550
79.2	32	29,25		2,75			1,700
79.3	30	27,00			3,00		3,324
79.4	18	25,38				−7,38	−4,474
80.1	24	24,63	−0,63				−0,550
80.2	27	26,00		1,00			1,700
80.3	29	27,88			1,12		3,324
80.4	30	28,50				1,50	−4,474
81.1	27	28,75	−1,75				−0,550
81.2	29	27,13		1,87			1,700
81,3	29	24,63			4,37		3,324
81.4	17	22,75				−5,75	−4,474
82.1	20	21,00	−1,00				−0,550
82.2	21	19,88		1,12			1,700
82.3	23	–					–
82.4	14	–					–
Σ	–	–	−3,01	8,24	16,36	22,63	–
$\frac{1}{v_j}$ Σ	–	–	−0,602	1,648	3,272	−4,526	–

$s_{i_1} = -0{,}550$ $s_{i_2} = 1{,}700$ $s_{i_3} = 3{,}324$ $s_{i_4} = -4{,}474$

Verzeichnis wichtiger Symbole

a_j	j-te Ausprägung eines Merkmals
a_j^o, a_j^u	Ober- und Untergrenze der j-ten Merkmalsklasse
b_0, b_1	absolutes Glied und Regressionskoeffizient der Regressionsgeraden
c	Konzentrationsmaß (Konzentrationskoeffizient, Herfindahl-Index, Exponentialindex, Gini-Koeffizient, maximaler Nivellierungssatz)
Δ_j	Breite der j-ten Merkmalsklasse
e_i	i-tes Residuum der Regression
f(x)	Häufigkeitsfunktion des Merkmals X
F(x)	Verteilungsfunktion des Merkmals X
$f_X(x)$	Randverteilung des Merkmals X
$f_{XY}(x, y)$	zweidimensionale Häufigkeitsfunktion der Merkmale X und Y
$f_{X\mid Y}(x\mid b_j)$	bedingte Häufigkeitsfunktion von X
g(x)	Transformation des Merkmals X
I_{0t}	Indexwert der Periode t, bezogen auf die Basisperiode 0

K_j j-te Merkmalsklasse

$L(u)$ Lorenzkurve

m Anzahl möglicher Realisierungen eines Merkmals

m_r, m'_r zentrales bzw. gewöhnliches r-tes Moment

$m(a, r)$ r-tes Moment um a

n Anzahl der Merkmalsträger einer Erhebung

n_G Anzahl der Merkmalsträger einer Gesamtheit von Teilerhebungen

n_j 1) Anzahl der Merkmalsträger in der Erhebung mit dem Merkmalswert a_j

2) Anzahl der Merkmalsträger der j-ten Teilgesamtheit

n_{ij} Anzahl der Merkmalsträger in der Erhebung mit der Merkmalskombination (a_i, b_j)

$n_{.j}$, $n_{i.}$ absolute Randhäufigkeit des Merkmals Y bzw. X bezüglich der Merkmalsausprägung b_j bzw. a_i

p_i Anteil der (des) i-tgrößten Merkmalsträger(s) an der Merkmalssumme

P_{0t} Preisindex der Periode t, bezogen auf die Basisperiode 0

$p_t(i)$ Preis des Gutes i in Periode t

Q_{0t} Mengenindex der Periode t, bezogen auf die Basisperiode 0

$q_t(i)$ Menge des Gutes i in Periode t

r Korrelations- oder Kontingenzkoeffizient

r^2 Bestimmtheitsmaß

s	Streuungsmaß (Spannweite, Quartilsabstand, Quantilsabstand, durchschnittliche Abweichung, Standardabweichung, Nominalabweichung)
s^2	Streuung
s_G^2	Streuung in einer Gesamtheit von Teilerhebungen
s_k^2	Streuung in der k-ten Teilerhebung
s_X^2	Streuung des Merkmals X
s_{XY}	empirische Kovarianz der Merkmale X und Y
s_{ext}^2, s_{int}^2	externe bzw. interne Streuung
t_i	i-ter Ordinatenwert der Lorenzkurve
u_i	i-ter Abszissenwert der Lorenzkurve
V_{0t}	Meßzahl der Periode t, bezogen auf die Basisperiode 0
$\bar{x}$	Mittelwert (Modus, Median, arithmetisches Mittel, harmonisches Mittel, geometrisches Mittel)
x_i, y_i	Merkmalswert des i-ten Merkmalsträgers
$\bar{x}_G$	arithmetisches Mittel einer Gesamtheit von Teilerhebungen
$\bar{x}_k$	arithmetisches Mittel in der k-ten Teilerhebung
$\hat{x}_t$	Prognosewert für den Zeitpunkt t
$^p x$	p-Prozentpunkt
x_{ki}	i-ter Merkmalsträger in der k-ten Teilerhebung
y_i^e	Regressionsschätzung der zu erklärenden Variablen Y für den i-ten Merkmalsträger
z_j	kumulierte absolute Häufigkeit
χ^2	quadratische Kontingenz

SACHREGISTER

Stichworte werden an den fettgedruckten Stellen definiert oder ausführlich behandelt. Seitenzahlen mit einem Z am Ende geben Stellen an, an denen das entsprechende Stichwort in der Zusammenfassung auftaucht.